JN081324

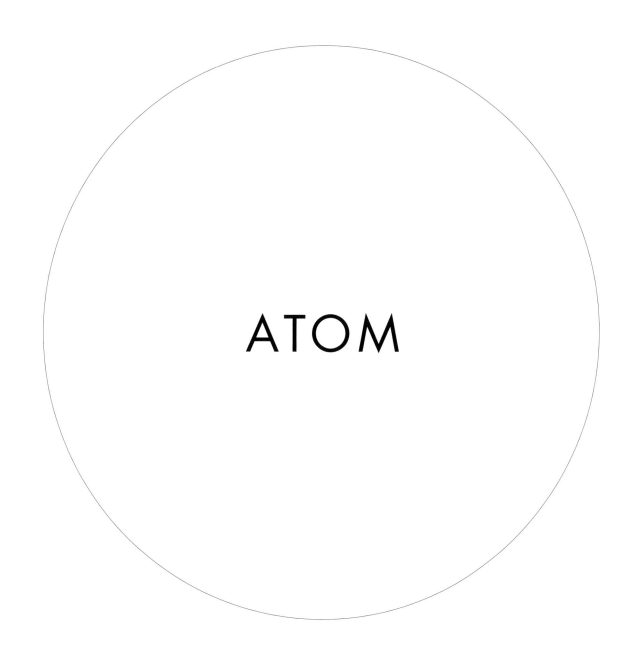

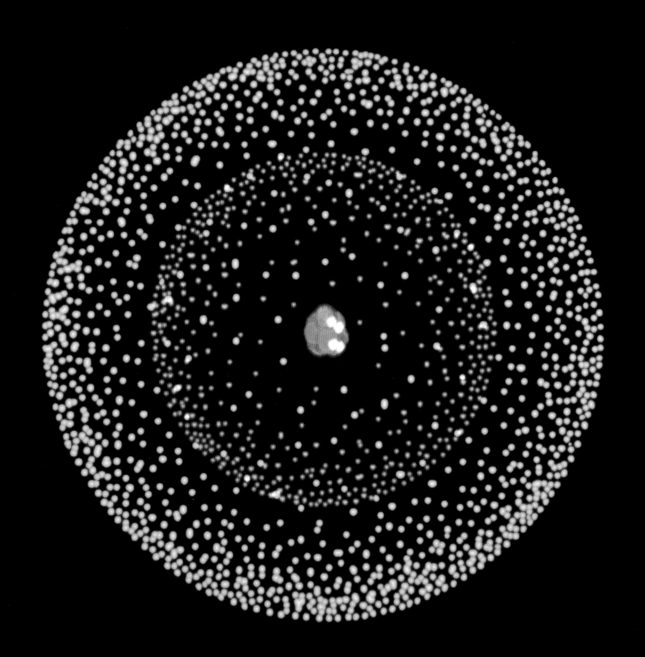

ATOM

世界で一番美しい原子事典

○ ジャック・チャロナー 著

◉ 川村康文 監修

◉ 二階堂行彦 訳

THE ATOM
Text copyright © Jack Challoner
Design and layout copyright © 2018 Quarto Publishing plc

Japanese translation rights arranged with Quarto Publishing Plc., London
through Tuttle-Mori Agency, Inc., Tokyo

CONTENTS

はじめに

　遠くから見ると、物質はなめらかで、1つにつながっているように見えます。たとえば、テーブルのような固体は、どこからどこまでがテーブルか、境界がはっきりしていて、隙間はどこにも見当たりません。カップからこぼれ落ちる水という液体は、それだけで完結する流れやしずくのように見えます。そして、わたしたちが吸って吐く空気は、目に見えない気体ではあるものの、1つの連続体のように感じられます。

　しかし、わたしたちが実際には認識できないほど、本当に小さい尺度で見ると、物質はでこぼこしていて、不連続です。物質は、何もない空っぽの空間と数え切れない小さな粒からできています。このような「物質は極小の粒子からできている」という考え方を、原子論といいます。本書は、原子論のすばらしさを伝えるとともに、その驚くべき知見をくわしく解説していきます。原子について知ることによって、わたしたちを取り巻く世界の本当の姿が明らかになってきたのです。

前のページで述べたことと食い違うかもしれませんが、実のところ原子は、物質を構成する要素のうち、もっとも基本的なものというわけではありません。それには、2つの理由があります。

まず1つは、原子自体も、陽子や中性子、電子といった、もっと小さな粒子からできているからです。もう1つは、ほとんどの物質は、実際には原子からできているわけではないからです。厳密にいうと、原子は「電子とちょうど同じ数の陽子を持ち、自身だけで成り立つ単独の物体」と定義されますが、それは、現実の世界ではめったにないことです。わたしたちのまわりにあるほぼすべてのものは、原子ではなく、分子やイオンからできています。分子は、2個以上の原子が結合したものであり、その原子は電子を共有して絡み合っており、単独では存在していませんし、自己完結もしていません。イオンは、陽子と電子の数が違っていますから、これも原子ではありません。しかし、物質は「原子からできている」というのは、説明上、都合がいいのです。さらに原子は、物質のはたらきを理解していく出発点として、申し分なく、ひじょうに有用なモデルでもあります。

物質は何からできているか？

人間は、何でも不思議に思う生き物ですから、おそらく、物質が何でできているかという疑問を絶えず持ちつづけてきたはずです。原子の現在の定義は、過去200年にわたって、理論形成や観察、実験が続けられた結果、できあがったものです。しかし、物質が極小の粒子からできているという発想そのものは——つねに主流だったわけではありませんが——もっとずっと昔からありました。第1章では、何世紀にもわたる聡明な人びとによる、すばらしい業績をざっと見ていきながら、「原子」の概念をめぐる長い歴史を振り返ってみます。

原子の振る舞いについて現在わかっていることは、量子論が根拠になっています。量子論は、わたしたちの直感に反するようなところがありますが、原子スケール（原子サイズのミクロな世界）における粒子の相互作用を説明できる一連の法則であり、十分に実証されています。第2章では、原子の基本的な構造を理解するために、量子論の入り口までご案内しましょう。量子力学では、原子はその中心に陽子と中性子でできた高密度の原子核が存在し、そのまわりに電子が特定のパターンで配置されていると考えます。

自然界には、およそ90種類の原子しか存在しません。それぞれの原子は、原子核に異なる数（まわりに並ぶ電子とつねに同じ数）の陽子を持っています。それぞれの種類の原子は、元素と呼ばれます。宇宙が誕生した最初の数分間に、陽子と中性子が結合して単純な原子核が形成され、数種類の元素がつくられました。こうした始原的原子が、恒星内部の強い圧力と高温により、結びついて「融合」し、より重い元素の元になる大きな原子核ができました。さらに超新星爆発（大きな恒星がその存在の終焉を迎えたときに起きるすさまじいエネルギーの爆発）やそのほかの作用によって、もっと重い元素がつくられます。第3章では、元素を生み出すこうした作用を解説し、元素の特性を探っていきます。また、この章では、同じような特性を持つ元素をグループ分けする周期表を紹介します。

第4章では、原子同士の相互作用を手がかりに、物質の物理的・化学的特性を探っていきます。多くの粒子（原子・分子・イオン）の相互作用から、大気圧や蒸発、表面張力といった、気体・液体・固体の物理的特性と振る舞いまでを説明できます。原子間の引力によって原子同士が結合し、この化学結合によって化合物がつくられます。たとえば、水素と酸素の原子が結合して、わたしたちが水と呼ぶ化合物がつくられるのです。

第5章では、研究者が原子についてくわしく知るために利用する、現代のテクノロジーをおおまかに見ていきます。こうしたテクノロジーによって、原子表面の驚くべき画像をつくったり、科学研究のために個々の原子を操作したりできるようになりました。

第6章では、20世紀から21世紀にかけて、原子論がわたしたちの生活を変えることにどう貢献したかを見ていきます。たとえば、量子論は、電子工学の技術者に電子を支配する力を与えました。その結果、デジタル革命を背景に、コンピュータや周辺機器の開発が進んだのです。あるいは、核反応や放射能のことがわかってきて、平和目的にもそれ以外にも利用できる膨大なエネルギー源が見出されました。

本書の最終章に当たる第7章では、原子論の現状を総括します。これは、素粒子とその相互作用の標準理論に表れています。この美しい理論は、スイスとフランスの国境にあるCERN（欧州原子核研究機構）の大型ハドロン衝突型加速器のような強力な粒子加速器を使い、理論物理学者と実験物理学者が数十年もかけて研究してきたことの集大成です。この標準理論は、実在する膨大な数の亜原子粒子（原子より小さい粒子）を解明し、神の粒子と呼ばれるヒッグス粒子の存在などのような大胆な予測が可能になりました。その要となるのは、この世界を構成する基本的な（分割できない）粒子であり、本当の意味での「原子」です。しかし、この標準理論には、やっかいな問題が横たわっています。というのも、この理論は、場の量子論を基盤にしているからです。量子論を拡張すると、粒子はもはや固いかたまりではなくなり、全宇宙に充満している「場」が形を取ったものと考えなければなりません。つまり、現代物理学によると「原子」とは、無限で、目に見えず、実体もない、可能性の海に漂う波にすぎないのです。

厳密にいうと、
原子は「電子とちょうど
同じ数の陽子を持ち、
自身だけで成り立つ
単独の物体」と定義される

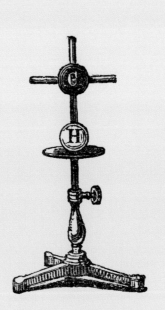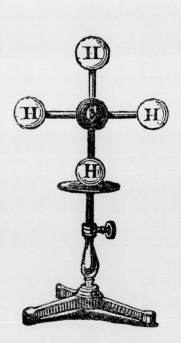

第 1 章

「原子」という概念の おおまかな歴史

　物質が小さな粒子からできているという発想は、少なくとも 2500 年以上前からありました。この考えは、哲学的な理由や宗教的な理由から、長い間ずっと、科学的な思想の片隅に追いやられていました。しかし、17 〜 18 世紀にヨーロッパで科学が台頭すると、再び人気を取り戻しました。そして、20 世紀初め、原子物理学の急速な発展とともに、原子はたしかに存在するという考えが広く受け入れられたのです。

1865年に、ドイツの化学者アウグスト・ビルヘルム・フォン・ホフマンがイギリスのロンドンにある英国王立研究所で公開した**分子の構造模型**。ホフマンは、まだ原子の存在が疑われていた時代に、この模型を使って、「原子の結合力」と題した講義を行った。

万物と無

現代の原子論のルーツは古代ギリシアにあります。奇妙なことですが、おそらく、そもそもの始まりは、事物の変化は現実のものなのか幻覚なのか、何もない空っぽの空間というものは存在するのか、といったことに関する哲学的議論でした。ギリシアでもインドでも熟慮が重ねられ、説得力のある原子論が発展したにもかかわらず、その後、別の理論が主流になりました。

すべてが変化するのか

古代ギリシアの哲学者にとって共通の課題は――現代の科学者と同じように――この世界の「秩序」を探し求めることであり、とりわけわたしたちの目に映る、多種多様な現象が起きる原因を1つにまとめることでした。物質界のことになると、初期のギリシアの哲学者は「一元論者」だったのです。彼らは、すべての物質はただ1種類のものが元になっていて、そこからさまざまなものに分化していく、あるいは、ただ1種類の物質だけが存在し、それがいろいろな形を取って具現化するのだと考えました。ギリシアのもっとも初期の哲学者のひとりであるミレトスのタレス（紀元前625年頃−545年頃）は、水が万物の根源であり、ほかのすべての物質は水から派生すると唱えました。同じミレトスのアナクシメネスは、万物の根源は空気だと考えました。

その数十年後、ギリシアのまた別の哲学者、エフェソスのヘラクレイトス（紀元前535年頃−475年頃）は、火が根源的な物質だと唱えました。火は変化の象徴であり、人びとが感じる通り、この世界においては絶えざる変化こそが重要だと考えたのです。それとはまったく反対のことを唱えたのが、エレアのパルメニデス（紀元前515年頃生まれ）でした。パルメニデスと彼の信奉者は、感覚による実際的な経験を否定し、代わりに理性でのみ真実をとらえられるのだと考えました。彼らは、人間が認識する変化はすべて幻覚であり、変化などそもそも存在しないとしたのです。

変化は幻覚だとするパルメニデスの考えは、「無」は存在しえないという彼の信念から生まれたものでした。ものが「変化」したと思われる状態は、元のそのものとは異なるのだから、それ以前には存在しなかったことになる。ということは、それは無から生じたものでなければならない。パルメニデスは、ものが動くという考えまでも否定しました。運動が不可能であるというのは、パルメニデスによれば、物体が動くためにはそのための「空虚」、つまり何もない空間が必要であり、空虚は無と同じだからです。パルメニデスにとって、真に実在するものとは、唯一・完全無欠・不変の充実した球体のような存在であり、それは不生不滅で、不変不動なのです。パルメニデスは、これをプレナムと呼びました。この変え方については、第7章で現代の理論物理学を踏まえ、もう一度振り返ります。

原子で変化を説明する

　パルメニデスの見解は古代ギリシアに大きな影響を与え、後代の哲学者たちは彼の見解を考慮に入れざるをえませんでした。そのひとり、デモクリトス（紀元前460年頃−370年頃）は、最初の包括的な原子論を考え出した功績が広く知られています（ほぼ同時期にインドでも同じような理論が考えられていますので、14ページの囲みを参照してください）。デモクリトスは、パルメニデスの不変の完結体としての現実と、変化がたしかに起きているように見える事実とをすり合わせようとしました。デモクリトスは、そのためにパルメニデスの考えに2つの修正を加えました。第一に、何もない空間である「空虚」は存在しうると唱えました。第二に、すべての物体はごく小さな目に見えない粒子でできているとしました。個々の粒子は自身のアイデンティティを保ちつづけ、その総数は変わらないので、全体として見れば変化はありません。しかし、粒子は互いのまわりを動くことができ、互いにぶつかったり、結合したり、分離したり、あるいは粒子の配列が変わったりするので、変化は局所的には起こりうるのです。

　デモクリトスは、自分が考えた粒子を「アトモス」（「見えない」の意）と呼びました。これは、否定を表す接頭語の「ア」と、「分割する」を意味する「テムノー」からきています。また、デモクリトスは、この粒子はつねに動いており、そして大きさや形を別にすれば同一のものだ、と仮定しました。

一元論では、すべてのものがただ1種類の物質からできている、あるいはただ1種類のものから生じていると唱えている――が、どうすれば、海や岩、空を飛ぶ鳥、雲を同じものからつくることができるのだろうか。

インドの原子論

デモクリトスが自身の原子論を公式化していたのと同じ頃、ヒンドゥー教や仏教やジャイナ教の哲学者や信心深い思想家は、ひじょうによく似た考えを抱いていた。たとえば、初期のジャイナ教では、物質とは極微と呼ばれる小さな目に見えない粒子からなる、不変の物質6つのいずれかだと考えられていた。とはいえ、インドの哲学者の思想がどれほどみごとに構築されていようと、また、どれほどギリシアの原子論と似ていようと、ヨーロッパの原子論の発展に影響を与えたのはギリシアの哲学者の思想であり、そのヨーロッパで何世紀もたったあとに現代の原子論が誕生するのである。

デモクリトスの原子論は、物質の特性を物理的に解明しようとするものでした。デモクリトスは、密度の高い固い物質は、もっと中身がぎっしり詰まった重い原子からできていて、気体は極小の軽い原子と、原子同士の間にたっぷりある空虚でできていると考えました。また彼は、原子と原子は、鍵ホックのような物理接続でつながっていて、この接続は、化学反応が起きたり、液体が蒸発したり、蒸気が液化したりするときに、切れたり、修復されたりするのだ、と唱えました。こうしたテーマは、本書の第4章でくわしく見ていきます。さらに、原子の形状が特性を与えるとされました。たとえば、液体の原子は球形なので、互いの上を転がるようにしてスムーズに流れますが、塩の原子はとがっています。

デモクリトスの説は広くは受け入れられませんでしたが、それには2つの理由がありました。まず1つは、世界を純粋に唯物論的に見る考え方だからです。抽象的な、あるいは宗教的な影響が入り込む余地がありません。デモクリトスは、魂は特殊なタイプの原子でできていると考えました。こうした原子は、ほかの原子よりも小さくて、肉体をつくる原子の間を簡単にすり抜けることができます。デモクリトスの説の唯物的な性格は多くの人びと、とくに信心深い人たちには不評でした。人間の精神や想像力を、どうすれば原子の動きに還元できるのでしょうか。

たしかなものは何もない

2つ目に、デモクリトスの説は、空虚——何もない空っぽの空間——という概念に頼ったことで行き詰まりました。これはしだいに問題化していきましたが、その背景にはひとりの男、アリストテレス（紀元前384 – 322年）の哲学がありました。アリストテレスの考えは実際的で、現実の世界での経験によるところがひじょうに大きく、それが彼の主張に大きな説得力があった理由の1つでした。アリストテレスは、物質は連続していて、原則的に、無限に分割可能であると信じていました。わたしたちが見たり、触れたりする物質

の特徴や「形状」は、物質の本質とは別の属性にすぎません。アリストテレスは自分のこの考えをまるで真実であるかのように語り、そのために何世紀もの間、ほとんどの学者が彼の説を受け入れていたのです。

　アリストテレスは、空っぽの空間は存在しえないと固く信じていました。空っぽの空間は、即座にそのまわりにある物質で満たされるはずだ、と主張しました。彼のもっとも有名な言葉、ホラー・ヴァキュイ（horror vacui）は通例、「自然は真空を嫌う」と訳されます。空虚の存在はデモクリトスの説の欠かせない要素ですから、真空は存在しえないという考えは、原子論を強く否定するものでした。

デモクリトス（左）は、紀元前5世紀に、トラキアのアブデラに生まれた。デモクリトスは、数学、倫理学、美学、認識論など広範な分野の書物を書いたが、ほとんど現存していない。

紀元前4世紀の学者**アリストテレス**（右）は、ギリシアの哲学者の中でもとりわけ著作が多く、影響力の大きな人物のひとりだった。物理学、生物学、天文学、気象、倫理学、政治学、詩、演劇、言語学など、さまざまなテーマの著書を残している。

学問の発展

初期のイスラム世界や中世ヨーロッパの哲学者やほかの学者の多くは、物質に関するアリストテレスの考えを、何の疑問もなく信じていました。アリストテレスは物質が微小な粒子からできているとは考えていませんでしたから、原子論はほとんど影を潜めていました。しかし、17世紀のヨーロッパで科学研究の機運が高まると、原子論は再び息を吹き返します。

古代ギリシアや古代インドの知識と思想は、紀元前3世紀以降、帝国が栄枯盛衰をくり返す間——アレクサンドロス大王（紀元前356－323年）の征服後のヘレニズム期や、ロー マ帝国の時代など——に、広まっていきました。アリストテレスの哲学は、キリスト教哲学などの学者に擁護され、8世紀以降には、アラビア語とイスラム教を共有し、繁栄する帝国で支持されました。この帝国では、強権的なカリフや王朝が権勢を誇り、アリストテレスの哲学はアラビア半島、インドの一部、中東、北アフリカ、南イタリア、スペインという広大な地域に広がりました。

イスラム黄金時代

9世紀から12世紀にかけての時代は、しばしばイスラム黄金時代と呼ばれます。当時、イスラム帝国のいたるところ

で、高度な文化と、洗練された科学、数学、工学が栄えたからです。多くのアラビア人の学者が、古代ギリシアの古典的な著作から学び、翻訳し、再解釈を加え、同時に彼ら自身も広い分野にわたって発展に寄与しました。何人もの学者が独自の原子論を発展させましたが、その中でももっとも際立っていたのが、アブー・アル゠ガザーリー（1058年頃–1111年）です。ガザーリーは、すべての物質はアラーが配置した不可分の粒子からできていると信じました。

アリストテレスの業績の再評価と振興にとくに貢献した人物として、2人の学者が挙げられます。イブン・スィーナー（アビセンナとも呼ばれる：980年頃–1037年）と、イブン・ルシュド（アベロエスとも呼ばれる：1126–1198年）です。この2人はともに、デモクリトスが唱えたような原子論を否定し、その後何世紀もの間、大きな影響を与えました。

ヨーロッパへ

アラビアの学者が収集した知識は、おもにスペインを経由してヨーロッパに持ち込まれ、「学問（現在でいうスコラ学）」の体系──11世紀以降に生まれた大学の教育法──に組み込まれました。物質論に関する限りでは、アリストテレスの思想が主流でした。

アリストテレスは、物質を実体と形相を持つものと考えました。形相は変わることもありますが、実体は変わりません。もっとも重要なのは、物質は連続していて空虚はありえない、ということでした。

アリストテレス学派の考え方が主流であったにもかかわらず、原子論の概念が生き延びてこられたのには、2つの理

スコラ学とは、ヨーロッパの大学で哲学と神学を教えるため、アリストテレスとキリスト教の思想家たちの著作を用いた学問やその手法である。純粋に講義だけの教授法であり、教わったことをまた次代に伝えていくだけで、学んでいる内容に対して批判的な評価を入れるような余地はほとんどなかった。

由がありました。まず第一に、アリストテレスは、自分の著作の中でデモクリトスの説を、批判的ではあったものの、広範にわたって論じていたからです。実際の話、デモクリトスの著作は現存していませんから、現代のわたしたちがデモクリトスについて知るには、アリストテレスがもっとも重要な情報源の1つになるのです。第二に、ほかならぬアリストテレス自身も、ミニマナチュラリアと自ら呼んだ物質の最小の部分について論じていたからです。アリストテレスの「ミニマ」は、デモクリトスの原子のように不可分の粒子ではなく、特定の実体の最小量でした。アリストテレスの著作によると、たとえば、肉はどこまでも小さく切り分けることができます。しかし、一定以下の大きさになると、それでも物質は存在するが、それはもはや肉ではなくなるのです。

アリストテレスは、ミニマの概念についてあまり長々とくわしくは論じませんでしたから、解釈の余地が残されていました。中世の学者の中には、アリストテレスの思想と原子論への傾倒をすり合わせようとする者もいました。イタリアの有力な学者ジュール・セザール・スカリジェ（1484–1558年）は、一部の学者がアリストテレスの考えに疑問を示しはじめた頃、断固としてアリストテレスを擁護しました。そして、アリストテレスのミニマについては、物質の構成要素となる物理的対象であり、物質を分割する際の、たんなる限界量ではないと解釈しました。スカリジェはその著作の中で、たとえば、水が石の粒子を1度に1つずつ削り取っていく理由や、物質に多かれ少なかれ密度というものがある理由について、ミニマが互いにより密集するからだ、と論じました。中には、デモクリトスと同じ考えで、原子論を全面的に支持する学者もいましたが、彼らは少数派でした。本当の意味で原子論が日の目を見るのは、まだ先のことでした。それは、学者たちがアリストテレスの考えに全面的に疑問を抱き、独自の仮説を考え出して、その真偽を確かめるために実験を行うようになってからです。

アリストテレスへの疑問

　14世紀に始まったルネサンス期には、芸術家や著作家、哲学者、数学者、科学者らが、学問体系の垣根を越えて、古代ギリシアやローマの文化に新たな関心を抱くようになりました。こうした大胆な思想家たちは、定説に異議を唱え、ギリシア人やローマ人と同じ精神で独自の文化を創造しました。1440年頃に発明されたヨハネス・グーテンベルクの印刷機は、こうした新しい思想をあまねく広めるのに一役買いました。ルネサンスは、多くの重要な進歩とともに、レオナルド・ダ・ビンチやミケランジェロの美術作品や、地球が太陽のまわりを回っているというニコラウス・コペルニクスの学説や、アンドレアス・ベサリウスの人体解剖に関する目覚ましい業績、そして宗教改革を生み出しました。

　17世紀の初めになると、世界がどのようなしくみになっているか、また世界は何からできているか、という問題に対する探求は、哲学的思索から科学的研究へと変わり、経験主義が重視されるようになりました。つまり、経験や、五感を通じて現実の世界を調べた結果が重んじられるようになったのです。ガリレオ・ガリレイ（1564 – 1642年）などの人びとが、新たに発明された望遠鏡や顕微鏡を用いて、アリストテレスの考え方に関する問題を浮き彫りにし、調査研究の機運が高まりました。そして1620年には、イギリスの政治家で科学者のフランシス・ベーコン（1561 – 1626年）が、自身の著書『ノヴム・オルガヌム（新しいオルガノン）』の中で科学的方法を体系化しました。アリストテレスの『オルガノン』にちなんで書名をつけたこの著作は、論理を活用して知識を得る方法を解いた全6巻の大作です。ヨーロッパ中の科学者が、観察し、疑問を抱き、理論化し、実験を行うことによって、必然的に、物質が何でできているかという問題に関する見方も変化していきました。

　17世紀半ばになると、物質が粒子でできていると信じる傑出した科学者が何人も現れました。天文学の台頭をうながしたのは、真空という新たな現象、すなわちアリストテレスがきっぱりと否定した空虚でした。エバンジェリスタ・トリチェリ（1608 – 1647年）は、自身が発明した水銀気圧計のガラス管の中に空っぽの空間と思われるものを見つけました。1654年には、ドイツの科学者で政治家のオットー・フォン・ゲーリケ（1602 – 1686年）が、密閉容器の中に部分的な真空をつくる初歩的な真空ポンプを発明しました。ゲーリケの発明に触発された、アイルランド生まれのイギリス人ロバート・ボイル（1627 – 1691年）は、もっと状態のよい真空がつくれるずっと高性能なポンプを開発しました。ボイルは、原子論の歴史においてもう1つの重要な新分野である化学でもパイオニアになります。

ロバート・ボイルの真空ポンプと、ボイルが低圧空気の実験を行ったときの装置類。

1654年、ドイツのレーゲンスブルクで行われた実証実験の様子。**2つの半球状容器**が大気圧によって閉じ合わされている。フォン・ゲーリケがこの容器から空気を抜くと、何頭もの馬で引っ張っても、2つの容器を引き離すことはできなかった。

トリチェリの気圧計。約1メートルあるガラス管の一方の端を閉じ、中を水銀（室温で液体の濃厚金属）で満たしている。開いているほうの管の端を水銀溜まりにつけて、垂直に立てたところ、ガラス管の中の水銀は約76センチメートルの柱になった。その上は何もない空間、つまり真空になっていることは明らかだった。

物質の新しい科学

17世紀の終わりに確立された化学は、非科学的だった錬金術を基盤として、徐々に科学的なものへと発展した学問でした。物質の振る舞いについて化学者たちが築いた科学的法則は、必然的に、原子論を盛り立てることになりました。元素と化合物の新しい知識に触発されたイギリスの化学者ジョン・ドルトンは、19世紀の初めに最初の現代的な原子論を確立しました。

化学反応

燃焼は火を生み出し、木を一山の灰に変えます。発酵は植物をワインやビールに変えます。精錬は岩石から金属を生み出します。原子に関する知識や元素と化合物に対する理解がなければ、こうした化学反応は謎めいていて、魔法のように思えます。化学反応の際に実際に起きていることを化学が解明しはじめる前は、哲学者などの学者は、錬金術という古来の技法を基本にして考えていました。

いくつもの異なったタイプの錬金術が、世界各地で発展しました。ヨーロッパの錬金術師たちは、イスラム黄金時代の錬金術を元にして、自らの方法と考えを発展させました。アラビア人の錬金術師は、基本的な実験技術の多くと、今日の実験室で見られる基本的な器具の多くを開発しました。

アラビアとヨーロッパの錬金術師たちは、化学変化を、物質が「形を変える」変質と見なしました。彼らの考えは、物質は実体と形相で成り立っているというアリストテレスの思想に基づいていました（17ページ参照）。彼らは、土、火、空気、水を四大元素とする——アリストテレスも擁護し、発展させた——古代の説にも基礎を置いていました。この4つの物質は、現代の科学で定義される元素ではありません。錬金術師の中には、水銀と硫黄を元素のリストに入れる者もいました。おそらく偶然でしょうが、この2つはたしかに化学元素に違いありません。錬金術師たちは、変質を、実体の中の元素の比率が変化することと考えていました。

錬金術がよりどころとした**四大元素説**によると、木は火と水と土からできている。木が燃えると、「火」と「水」の要素が放出され、土が残る。この土は灰と呼ばれる外観を持つ。この場合に起きる化学反応は、現代の知見では、木と空気を構成する原子同士が分離したり、結合したりすることと基本的に解釈される。

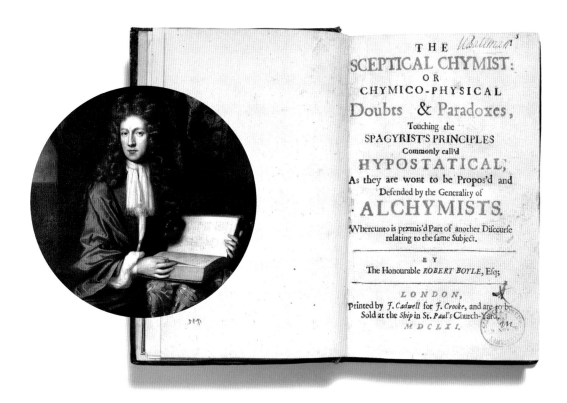

変化の究極にある元素

　ロバート・ボイルは、1つには真空をつくる自らの実験の結果もありましたが、それ以上に、経験主義に対する強い信念から、物質は微粒子からできているに違いないという結論に達しました。ボイルがこの見解を明らかにした自身の著書『懐疑的化学者』(1661年)は、大きな影響を及ぼし、化学という新しい科学の確立に一役買いました。

　ボイルは、17世紀に評判になりつつあった原子論の一種、粒子論(22ページ参照)を支持しました。その信念にしたがって、四大元素説に疑いを持ち、元素の新しい定義を提唱しました。

「原始単純物とは、完全に純粋なものであり、ほかのいかなるものによっても構成されず、それ自体の複合物でもない。複合物と呼ばれるすべてのものを、その成分に分解していっ

『懐疑的化学者』の中で、ロバート・ボイルは、物質をもっと「理性的」な方法で研究するように人びとをうながした。当時、化学反応を利用していた人のほとんどは、薬剤を調合する処方箋にしたがっているだけだった。

たときに究極的に行き着く、それ以上分解できないもの」

　つまり、元素とはただ1種類の微粒子からできたものであり、元素の微粒子が混ざり合ってほかの合成された物質を形づくっている、ということです。身近にある合成物をその構成要素に分解すれば、純粋な元素を得ることは原理的に可能だ、とボイルは唱えました。ボイルの著作は、原子論を支持し、元素の新しい定義を示しましたが、もっと重要なことは、化学反応や物質を研究する新しい科学的方法の先駆けとなったことです。

粒子論

　粒子論を唱える人たちにとって、物質は微粒子からできたものに違いなかった。とはいえ、粒子が空間を満たしているのか（12ページのパルメニデスのプレナムを参照）、それとも粒子のまわりには空虚があるのか（13ページのデモクリトスの説を参照）ということについて、明確な見解はなかった。17世紀から18世紀にかけて、粒子論の有力な支持者は何人もおり、その中に、フランスの哲学者で数学者のルネ・デカルト（1596-1650年）や、イギリスの科学者のアイザック・ニュートン（1642-1727年）がいた。ニュートンは、その著書『光学』（1704年）の中で、物質の微粒子を仮定すれば、物理反応や化学反応を理解できることを詳細に説明している。重力が「物体同士が離れていてもはたらく力」として作用することを発見したニュートンは、物質の粒子も同じような力で結びつけられているのではないかと考えたのだ。またニュートンは、液体の粒子が蒸発して気体になると、粒子同士は接触したままだが、サイズが元の大きさの何倍にもなって弾力を持ち、そのために気体は圧縮が可能なのだ、と説明した。

　『光学』の中で、ニュートンは、光も微粒子からできていると唱えた。オランダの科学者クリスティアーン・ホイヘンス（1629-1695年）は、光について

これとは別の結論に達している。それは、光は波として移動する、というものだった。しかし、ホイヘンスは、自身の著書『光についての論考（Traité de la Lumière）』（1690年）の中で、結晶の規則的な形を物質の微粒子からできているものだと説明しており、ホイヘンスが粒子論者であったことは明らかである。

「概して、こうした産物に見られる規則性は、それを構成する小さな目に見えない同じ粒子の配列から生じているように思われる」

　しかし、ホイヘンスはまだいろいろな謎が残っていることも認めている。

「大きさと形がすべて同じ微粒子がこれほど数多く生み出されたのはなぜなのか、またそうした微粒子が美しいほど秩序正しく並んでいるのはなぜなのか、その理由について、何も言うつもりはない」

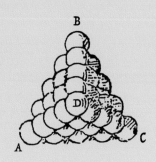

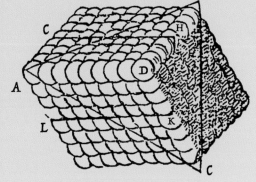

気体の変化

　経験科学のほうからとくに注目を浴びた化学の一分野が、気体、もしくは「空気」の研究です。1640年、フランドル（フランダース）の科学者ヤン・ファン・ヘルモント（1580 – 1644年）は、ギリシア語のkhaos（カオス、「空っぽの空間」の意）からgas（気体）という言葉をつくりました。同じように、ヘルモントが発見した気体——いまは二酸化炭素と呼ばれている気体——にairという名前をつけました。

　17世紀の後半から18世紀の前半にかけて、科学者は、気体の化学的特性よりも、おもに物理的特性について研究していました。とくに、気体の圧力と温度と体積の関係を解明しようと努めていました。1662年、ロバート・ボイルは、気体の温度が一定ならば、圧力と体積が互いに反比例することを発見しました。つまり、圧力を2倍にすれば、体積は半分になり、またその逆も成り立つわけです。この関係はボイルの法則と呼ばれるようになりました。ボイルは気体を、互いにバネでつながった静止した粒子でできたものというイメージでとらえました。ほかの科学者も、圧力と温度と体積の関係について同じような法則を考え出しました。

　スイスの数学者ダニエル・ベルヌーイ（1700 – 1782年）は、気体についてボイルとは異なったイメージを持っていました。ベルヌーイは、1738年の自らの著書『流体力学（Hydrodynamica）』の中で、気体の粒子は、大きな弾力のある微粒子ではなく、ごく小さな固い球体である、と唱えました。この小さな球体は、高速で運動し、お互いにぶつかり合ったり、容器の壁に内側からぶつかったりしています。この粒子が容器の壁に何度もぶつかることによって、気体の圧力が生じます。ベルヌーイは、気体の圧力をこの球体の平均速度と関連づけました。そして、数学的手法を用いて、ボイルの法則やそのほかの気体の法則とみごとに一致する方程式を導き出したのです。

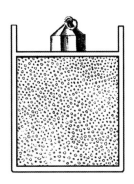

ダニエル・ベルヌーイの『流体力学』の説明図。気体は動き回る小さな粒子であるというベルヌーイの考えが図解されている。

　このすばらしい洞察にもかかわらず、ベルヌーイと同時代のほとんどの人びとは、原子論を裏づける決定的な証拠と見なすべきものを、まったく意に介しませんでした。それは、おもに、その小さな固い球体がどうして徐々にエネルギーを使い果たして容器の底に沈まないのか、その理由がわからなかったからです。とはいえ、化学者たちは、ひじょうに熱心に気体の研究を続けました。1750年代、スコットランドの化学者ジョゼフ・ブラック（1728 – 1799年）は、自ら「固定空気」と名づけた二酸化炭素をつくる新しい方法を見つけました。そして、気体に関する研究によって、「燃える空気」（水素、1766年）、「フロギストン空気」（窒素、1772年）、「脱フロギストン空気」（酸素、1773年）が発見されます。

　フランスの化学者アントワーヌ・ラボアジエ（1743 – 1794年）は、こうした気体に大いに興味を持ち、とくに、それらの気体を生み出す化学反応や、気体が関与する化学反応に注目しました。ラボアジエは細心の注意を払って実験を行い、化学反応の前後における化学物質の質量を、気体も含めて、綿密に計算しました。そうした研究によって達したいくつもの重要な結論は、化学を科学の一分野としてしっかりと確立させ、同時に、現代の原子論の基礎固めをすることになりました。ラボアジエは、化学反応前の物質の総質量と、反応生成物の総質量はまったく同じであること——質量保存という現象——を発見しました。また、燃焼には、脱フロ

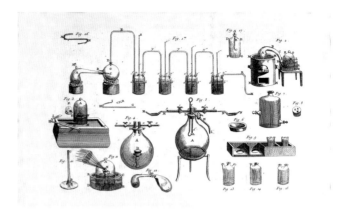

アントワーヌ・ラボアジエの実験器具。ラボアジエの著書『化学原論』（1789年）からの引用。

ギストン空気（酸素）とほかの物質との結合がともなうことを解明しました。燃える空気（水素）を燃やすと、脱フロギストン空気と化合して水になります。ラボアジエは、「水を生ずるもの（水の素）」を意味する「イドロジェーヌ（hydrogène）という言葉を考え出しました。ラボアジエは、ボイルの考えを裏づける経験的証拠を見つけていました。水素と酸素は、結合して水という化合物をつくる元素です。ラボアジエは、化学元素の最初のリストをつくり、自身の著書『化学原論』（1789年）の中で発表しました。このリストには、水素と酸素のほかに、窒素、リン、硫黄、さらに17の金属元素が加えられました。もっとも、このリストには、元素ではなく実際には化合物である物質も——さらには光や熱までも——含まれていました。

　19世紀になると、ボイルやラボアジエの精神を受け継いだ化学者たちが、それまで知られていなかった数多くの元素を次々と発見していきました。その結果、ボイルの定義への信頼は高まり、アリストテレスの見解に対する否定的な見方が強くなっていきました。

新しい原子論

　ラボアジエの元素と化合物との関係についての洞察と、化学分析に正確を期そうとする姿勢に影響されたフランスの化学者ジョゼフ・プルースト（1754 – 1826年）は、当時のほとんどの化学者が当然のことと思い込んで、一度もテストをしてこなかったある考えについて、くわしく調べることにしました。その考えとは、元素が化合物を形づくるとき元素は定比例する、というものです。たとえば、100グラムの化合物に60グラムのある元素と40グラムの別の元素が含まれているとすると、200グラムの同じ化合物には、120グラムの1番目の元素と80グラムの2番目の元素が含まれているはずです（ラボアジエの質量保存の法則にしたがえば、元素の質量の合計は、それらで構成される化合物の質量と同じになる、ということに注意してください）。1790年代から1800年代にかけて、プルーストはさまざまな化合物で何度も実験を行い、化学者たちがそれまで漠然と信じていたことを、自身の「定比例の法則」で立証しました。

　その一方、イギリスの化学者ジョン・ドルトン（1766 – 1844年）は気体を研究する中で、とくに混合気体の振る舞いに注目しました。ドルトンは、物質は粒子からできているとそもそも信じていましたが、1800年代の最初の数年間に、粒子論の単純だが説得力のある妥当性に感激しました。ドルトンは、特定の元素の粒子はどれもみな質量がまったく同じでなければならず、この「原子量」は元素によってそれぞれ違っている、ということに気づきました。化合物に含まれる元素の質量の比率は、元素の原子量の比率と一致します。ドルトンは、化合物を、2個以上の原子が結合した分子からできたもの、と考えました。こうした見方は、プルーストの定比例の法則を解明するものでした。これが1個の分子に当

てはまるなら、分子の数がいくつであっても当てはまりますから、計量できるくらい重量のあるサンプルにも当てはまることになります。

そこでドルトンがさらに気づいたのは、同じ元素でも異なる組み合わせによって異なる化合物ができるのなら、それぞれに当てはまる2、3通りの異なる比率があるかもしれない、ということでした。たとえば、水銀と硫黄は結合して2つの化合物をつくります。現在は硫化水銀（I）（Hg_2S）と硫化水銀（II）（HgS）と呼ばれているものですが、この2つの化合物について、水銀対硫黄の質量比を見ると、25：4と50：4です。これをドルトンの倍数比例の法則といいますが、そうすると、化合物とは、決まった質量の原子が集まったものだと考える以外に、合理的な説明はなさそうです。

ドルトンは、『化学哲学の新体系』（1808年）の中で、現代的な原子論を初めてしっかりと論じ、概説しました。ドルトンによれば、原子は不可分であり、つくることも、こわすこともできません。同じ元素の原子はどれもみな同じ大きさで質量が同じであり、特性も同じです。異なる元素の原子は、一定の割合で結合し、化合物になります。化学反応では、原子の配列の組み換えが行われます。この著書の中で、ドルトンは、当時から知られていた元素の原子の質量を、もっとも軽い水素の質量と比較して推定し、表にしました。ドルトンの理論は、物質の物理的性質と化学的性質をまとめたもので、現代的な原子論の確固とした基礎となりました。しかし、この理論が科学の主流となるまでには、まだ何十年も待たなければなりませんでした。

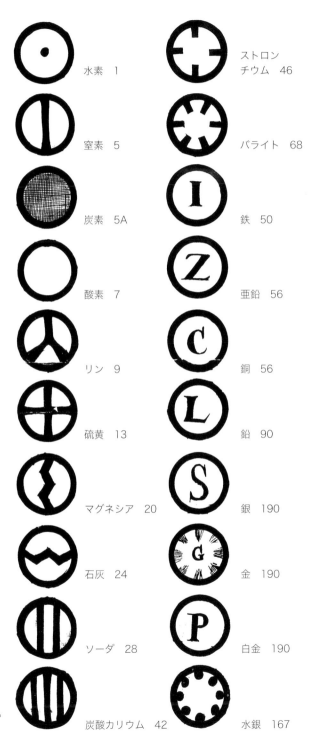

ジョン・ドルトンが自身の原子論をわかりやすく説明するために使った、元素の円形の記号。ドルトンは、同じ元素のすべての原子は質量が同じだと考えた（記号の横の数字は、水素を1とした場合の各元素の相対的な質量）。ただし、ドルトンが「元素」としてリストに挙げたものの中には化合物も含まれている。

水素 1
窒素 5
炭素 5A
酸素 7
リン 9
硫黄 13
マグネシア 20
石灰 24
ソーダ 28
炭酸カリウム 42

ストロンチウム 46
バライト 68
鉄 50
亜鉛 56
銅 56
鉛 90
銀 190
金 190
白金 190
水銀 167

説得力のある理論

　ジョン・ドルトンの理論には説得力がありましたが、19世紀の多くの科学者は原子が実在するとは信じていませんでした。しかし、経験的にも、論理的にも、原子論を肯定する証拠が次々と出てきて、原子の存在を信じる化学者や物理学者がしだいに増えていきました。20世紀の初めには、ほぼすべての科学者が、原子が実在することを認めるようになっていました。

化学——日常的に議論された原子論

　ジョン・ドルトンの原子論は、ごく小さな粒子を単位として元素や化合物や化学反応を理解するための、しっかりとした枠組みをもたらしました。しかし、化学者たちにとって、物質の物理理論はほとんど必要なかったので、彼らから見れば、原子は依然として仮説上の対象にすぎませんでした。とはいえ、化学者たちは新たに元素を発見すると、その原子量を測定しましたから、彼らの間では、原子の問題は日頃から議論されていました。

　そうする間にも、化学者たちは次々と新しい元素を発見し、実

にさまざまな化学反応をくわしく研究しました。化学者たちにとって新たに利用できるようになった重要な道具が、電池でした。電気を使った物質の研究から、物質自体にも電気的特性があるらしいことがわかってきました。1800年、電池が発明されてまだ数か月しかたっていない頃、何人もの化学者が電池を使って水を水素と酸素に分解しました。イギリスの化学者ハンフリー・デービー（1778 – 1829年）は、強力な電池を使ってさまざまな物質を元素に分解し、その過程でいくつもの元素を発見しました。その一例が、ナトリウムとカリウムでした（ともに1807年）。デービーの共同研究者のマイケル・ファラデー（1791 – 1867年）は、さらに研究を推し進めて、水や酸に溶けた化合物への電気の影響を研究しました。1834年、ファラデーは、溶液中に設置した電極のどちらかに移動する帯電した粒子を意味する言葉として「イオン」という用語を考えました。その数十年後、スウェーデンの化学者スバンテ・アレニウス（1859 – 1927年）は、このイオンという用語を使って、水に溶けた化合物がイオンに解離するという自身の説を説明しました。アレニウスは、原子の中にはいくつもの荷電体が含まれていて、この荷電体を失ったり、得たりすることによって、原子が正味の正電荷や負電荷を持つことになるのだ、と唱えました。アレニウスは電子の存在を予言していたわけです。

　化学者にとって重要なもう1つの道具が、分光器でした。分光器によって、物体が放出する光のスペクトルの綿密な分析ができるようになりました。1820年代から1830年代にかけて、何

メンデレーエフが手書きした元素の周期系（下）。1869年2月17日に書かれたもの。メンデレーエフ（右上の写真）に敬意を表して、1955年に新たに発見された元素がメンデレビウム（Md）と名づけられた。

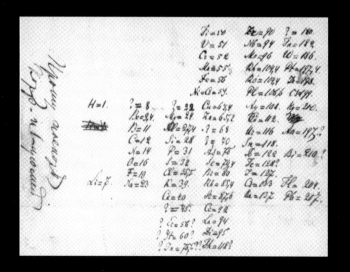

人もの科学者が、炎で熱したとき、いくつかの化合物が放出する光のスペクトルの中に輝線があることに気づきました。この輝線の個々のパターンは、化合物に含まれている元素に特有のものでした。ドイツの化学者ロベルト・ブンゼン（1811－1899年）とグスタフ・キルヒホフ（現在のロシア出身、1824－1887年）は、既知の元素について、それぞれのスペクトルを体系的に記録しました。ブンゼンとキルヒホフは、それまで見たことのない輝線のパターンを観測し、セシウム（1860年）とルビジウム（1861年）という元素を発見しました。ほかの科学者もブンゼンとキルヒホフの方法を使い、ほかにもいくつもの元素が発見されました。その中の1つが、1868年に太陽のスペクトルの研究から発見されたヘリウムでしたが、これは地球上でヘリウムが発見される何十年も前のことでした。

　1860年代になると、50を超える化学元素が知られるようになり、科学者たちは、元素の振る舞いのパターンにも気づきはじめました。元素は、たとえば、化学的特性だけでなく、元素が形づくる化合物のタイプなどの物理的特性によってもグループ分けできるようでした。イギリスの化学者ジョン・ニューランズ（1837－1898年）とドイツの化学者のユリウス・マイヤー（1830－1895年）は、原子量の順に並べた元素のリストの中に、特定のグループに属する元素の間に一定の間隔、つまり周期があることに気づきました。マイヤーは、類似する元素を集めて、元素の表をつくりました。しかし、周期性は完全ではなく、一定の規則性は必ずしも見られませんでした。ロシアの化学者ドミトリー・メンデレーエフ（1834－1907年）は、元素のリストの周期性を固く信じて、自分がつくった「周期表」に、未発見の元素を示す空欄を残しておきました。その元素が発見されたときに、表に加えられるようにしておいたのです。それから数十年の間に、メンデレーエフの考えが正しかったことが証明されました。メンデレーエフが予言したすべての元素が発見されたのです。周期表については、のちほど第3章で、原子の内部のはたらきとどう関係しているかを見ていきます。

金属を含む細い試料を炎で熱すると、その金属元素特有の色を含む光が放出される。上の写真は、ストロンチウム（1）と銅（2）とカリウム（3）。その光を分光器で分光すると、スペクトルの各部に輝線が現れる。19世紀にこの発光分光法を使って、それまで未発見だったいくつもの元素が発見された。

原子を研究する物理学者

化学者が新しい元素の発見と分類にはげんでいるとき、19世紀の物理学者たちは光や熱、電気、磁気といった基本的な現象の解明に努めていました。こうしたそれぞれの現象を、18世紀の科学者たちは、物体を取り巻いたり、通り抜けたり、物体間を移動できるそれぞれ別個の「不可秤量流体(重さを量れない不定形のもの)」だと考えていました。たとえば、熱流体は炎から料理鍋に移動します。しかし、新たな説や証拠によって、不可秤量流体説はしだいにすたれていきました。たとえば、1820年の電磁気力の発見によって、電気と磁気に密接な関係があることがわかったため、電気と磁気が別々の流体と考えることはできなくなりました。

電磁気力は光とも密接な関係があります。1860年代、イギリスの物理学者ジェームズ・クラーク・マクスウェル(1831－1879年)は、光が電磁場の波であることを発見しました。マクスウェルは、光が電磁放射の1つであり、電荷が加速される(その速度と運動の方向が変わる)ときにつねに生じるものであることも、すでに発見していました。だから、光も不可秤量流体ではなかったのです。

熱が流体であるという考えも、すでにくつがえされていました。物理学者たちは、流体説の代わりに、過去に一部の科学者が唱えていた考え——熱や温度は物質の粒子の動きと関係しているというもの——を再検討することにしました。固体を熱すると、その物体を構成している粒子の振動が大きくなります。その物体を十分に熱すると、粒子同士は離れて動き回り、互いに行き違うようになり、固体は液体になります。液体を熱すると、粒子同士は完全に切り離され、ベルヌーイが予想したように(23ページ参照)、高速で飛び回るようになります。

1859年、マクスウェルは、それほど多くの気体の粒子がランダムにぶつかるのなら、それぞれの粒子の速度にはある程度の幅があるはずだ、ということに気づきました。少数の粒子はかなりの低速で、ほとんどの粒子は平均に近い速度で、一部の粒子はひじょうに高速で運動するはずです。マクスウェルは、確率の数理を使って、粒子の速度の統計的分布を算出しました。オーストリアの物理学者ルートビッヒ・ボ

温度の違いによる粒子の速度の分布

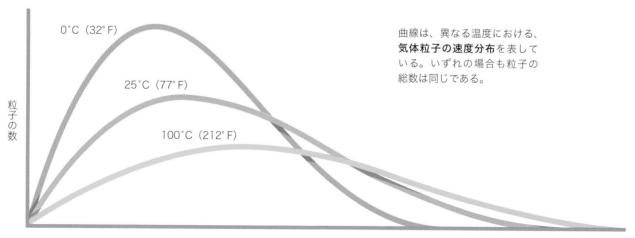

0℃ (32°F)

25℃ (77°F)

100℃ (212°F)

粒子の数

速度

曲線は、異なる温度における、**気体粒子の速度分布**を表している。いずれの場合も粒子の総数は同じである。

ブラウン運動

ロバート・ブラウンは、花粉を顕微鏡で観察していたとき、微粒子がランダムにぶつかっていることを発見した。のちにブラウン運動と呼ばれるこの現象は、空気中の煙の粒子を見ると、もっと顕著にわかる。それは、空気分子は水分子よりも運動の速度が速いからである。

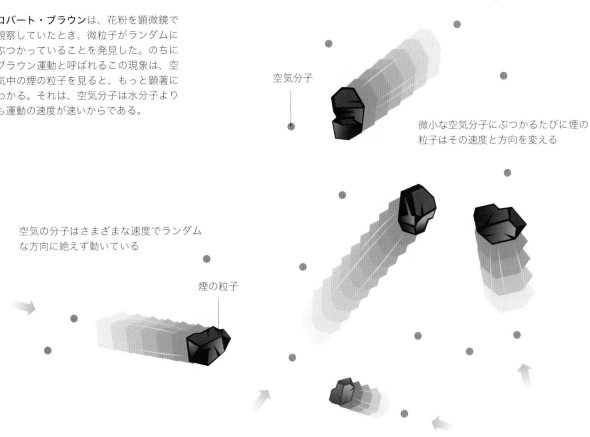

空気分子

微小な空気分子にぶつかるたびに煙の粒子はその速度と方向を変える

空気の分子はさまざまな速度でランダムな方向に絶えず動いている

煙の粒子

ルツマン（1844 – 1906年）は、1870年代に、マクスウェルの研究にさらに改良を加えます。マクスウェル・ボルツマン分布は、科学者にとって、気体について予測し、新しい洞察を得るために役立ちました。それ以上に重要なのは、ボルツマンが統計力学——無数の微小な原子の特性が物質の通常の特性を決定することを説明する科学の一分野——を打ち立てたことです。

懐疑主義者を納得させる

　マクスウェル・ボルツマン分布には説得力があり、化学から生まれた原子論は理にかなっていましたが、多くの化学者や物理学者は、いまなお原子論を認めようとせず、たんにおもしろい仮説として受け止めるだけでした。原子論への疑念が完全に払拭されたのは、1905年にドイツ出身の物理

学者アルベルト・アインシュタイン（1879 – 1955年）がブラウン運動と呼ばれる現象について数学的説明を導き出してからです。

　1827年、イギリスの植物学者ロバート・ブラウン（1773 – 1858年）は、塵の微粒子が不自然な動きをするのを顕微鏡で観察しました。まるで、目に見えないくらい小さな別の粒子に押しのけられているように、動き回っていたのです。アインシュタインのブラウン運動の数理解析は、微粒子が動くのは、水分子がランダムにぶつかっているからだ、ということを証明しました。原子と分子は実在していたのです——そして、物質は本当にごく小さな粒子からできていたのです。しかし、これはそれほど単純なことではありませんでした。原子も、結局不可分のものではなかったことがわかったのです。

原子の内部

　原子の存在がついに裏づけられたことにより、20世紀の前半には、原子の内部構造に関する知識が驚くべき早さで蓄積されていきました。物理学者たちは、多くの新しい道具を使い、さまざまな革新的理論に導かれて、粒子が波であり、波が粒子であるという——わたしたちの直感に反するような自然法則の——奇妙な世界を発見したのです。

原子構造

　1897年、イギリスの物理学者ジョゼフ・ジョン・トムソン（1856 – 1940年）は、負の電荷を持つ粒子、電子を発見します。電子は原子よりもずっと小さなものでした。そこから、トムソンは、すべての原子の中に電子が存在するに違いないと気づきました。「この種の微粒子はすべての物質から得られるから、この微粒子はあらゆる物体の原子の構成要素になっていると推測される」とトムソンは書き残しています。物理学者たちは、すべての原子が同量の正の電荷と負の電荷を持っていて、そのために総合すると電荷がないのだ、と確信しました。1907年、トムソンは、自らが電子と名づけた「負電荷を持つ微粒子」が、正電荷を持つ球形の雲の中に環状に配列されているのではないか、と唱えました。この考えは、原子の「プラム・プディング・モデル」と呼ばれるようになりました。電子がプラムで、正電荷を持つのがプディングです。

　トムソンが電子を発見する1年前、フランスの物理学者アンリ・ベクレル（1852 – 1908年）はウランの化合物で実験を行っていました。ベクレルが発見したものは、それから2年後に、ポーランド出身の物理学者マリー・キュリー（1867 – 1934年）が「放射能」と呼んだものでした。マリー・キュリーは夫のピエール（1859 – 1906年）と協力して、放射線がウラン原子そのものから放出されているものであり、化学反応の結果ではないということを突き止めました。

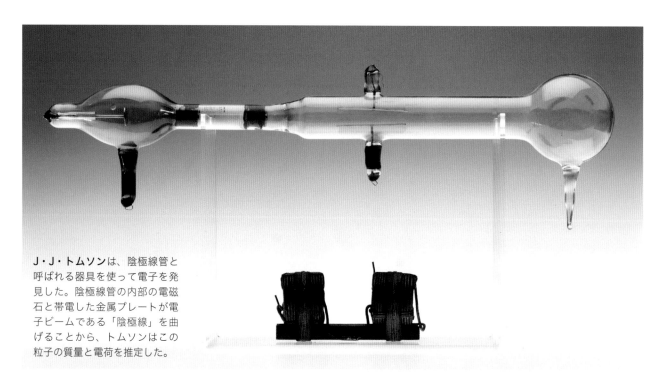

J・J・トムソンは、陰極線管と呼ばれる器具を使って電子を発見した。陰極線管の内部の電磁石と帯電した金属プレートが電子ビームである「陰極線」を曲げることから、トムソンはこの粒子の質量と電荷を推定した。

原子核の発見

トムソンの「プラム・プディング・モデル」をテストするために、ラザフォード（次ページ参照）は放射線源から放出されるアルファ粒子を極薄の金箔に照射する実験を提唱した。アルファ粒子が金箔を通り抜ける際の偏向を測定すれば、原子の正電荷と負電荷の分布がわかるはずだった。そこで、ラザフォードの共同研究者だったドイツの物理学者ハンス・ガイガー（1882－1945年）と、イギリス出身の物理学者アーネスト・マースデン（1889－1970年、ニュージーランドで活躍）が、1911年にこの実験を行ったところ、驚くべき結果が出た。

ほとんどのアルファ粒子が偏向なく金箔を通り抜け、一部が極端な方向に反射し、8000個のうち1個ほどのアルファ粒子がまっすぐはね返ってきたのである。こうした結果が意味することは明白だった。正電荷は原子の全体にまんべんなく均等に分布しているのではなく、中心にあるごく小さな高密度の物体に集中しているのである。ラザフォードはこれを原子核と名づけた。ラザフォードはのちにこう語っている。「ティッシュペーパーを狙って撃ち込んだ15インチの砲弾がはね返って、自分に当たったくらい信じがたいことだった」

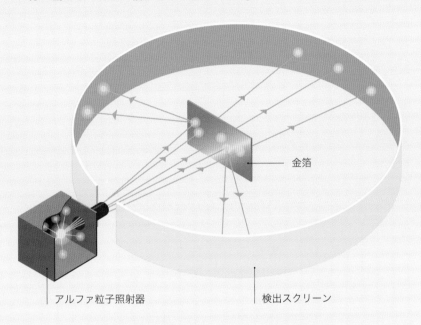

金箔

アルファ粒子照射器

検出スクリーン

トムソンが考えた通り、原子の中に正電荷が均等に分布しているのであれば、**アルファ粒子は金箔を通り抜けるはず**である。ラザフォードのモデル以外に、この実験結果を説明できるものはない。

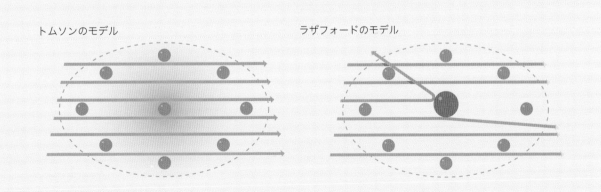

トムソンのモデル

ラザフォードのモデル

右の図は、1913年にデンマークの物理
学者ニールス・ボーアが提唱し、ドイ
ツの物理学者アーノルト・ゾンマー
フェルトが修正を加えた、元素**ラジウ
ム（1898年発見）の原子構造**。この図
は、1926年に刊行されたヘンリク・ア
ンソニー・クラマースとヘルゲ・ホル
ストの共著 "The Atom and the Bohr
Theory of Its Structure（仮邦訳：原
子とその構造に関するボーア理論）" に
掲載されたもの。なお、この原書は
1922年にデンマークで刊行されている。

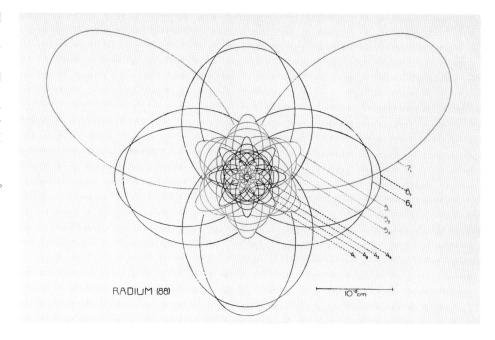

RADIUM (88)

1899年に、イギリスの物理学者アーネスト・ラザフォード
（ニュージーランド出身、1871 – 1937年）は、放射性物質か
ら2つの異なるタイプの放射線が放出されていることを発
見し、これをアルファ（α）線、ベータ（β）線と名づけまし
た。1900年には、フランスの化学者ポール・ビラール（1860
– 1934年）が3つ目のタイプを発見し、ガンマ（γ）線と命名
しました。アルファ線は、正電荷を持つ粒子の流れであり、
原子を綿密に調べる道具としてひじょうに役に立ちました。
たとえば、1911年にラザフォードはアルファ線を使って、原
子の内部にある電荷の分布を調べました（31ページの囲み
参照）。その結果、トムソンのプラム・プディング・モデルは
否定されました。そして、原子の正電荷が中心のきわめて小
さな部分に集中していることがわかり、ラザフォードはこ
れを原子核と名づけました。

ラザフォードは、ごく小さな高密度の核のまわりを電子
が回っている原子モデルを提唱しました。このモデルでは、
負電荷を持つ電子と正電荷を持つ原子核との間にはたらく
引力に電子がつながれて、核のまわりの軌道上を回ってい
ます。これは、太陽系の惑星が太陽の重力でつながれてその

まわりの軌道上を回っている様子と似ていました。しかし、
このモデルには大きな問題がありました。軌道上を回って
いる物体は絶えず方向を変えていますが、方向を変えると
加速度が生じますから、電子は絶えず電磁波を放射してい
るはずです。ということは、電子はエネルギーを失って、軌
道はしだいに低くなり、ついにはらせんを描いて、無情にも
原子核に向かって落ち込むことになるのです。

波と粒子

ラザフォードの原子モデルの問題を解決するために、デ
ンマークの物理学者ニールス・ボーア（1885 – 1962年）は、
原子スケールでのみその効果が見られる物理学の一分野、
量子論に目を向けました。量子論にしたがえば、任意の系で
は一定のレベルのエネルギーだけが「許され」ます。電子の
エネルギー準位は、原子核との距離によって決まります（原
子核から遠く離れるほど電子のエネルギーは大きくなりま
す）から、許されたエネルギー準位は「許された軌道」を意味
します。ボーアの原子モデル（1913年）では、電子が原子核
に落ち込むことはありませんし、持続的に電磁波を放射す
ることもありません。ただし、電子は、入射する電磁放射か

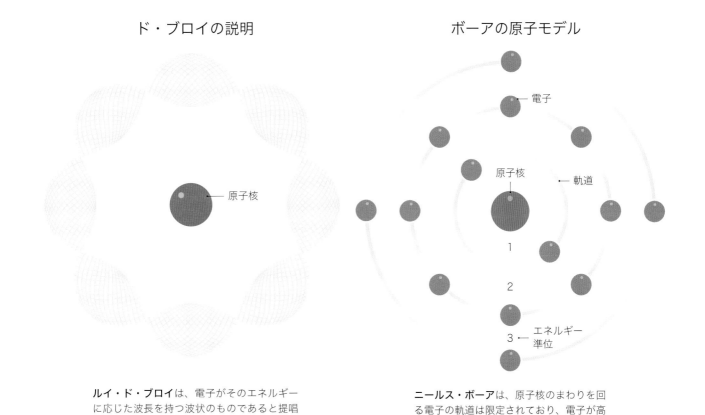

ド・ブロイの説明

ルイ・ド・ブロイは、電子がそのエネルギーに応じた波長を持つ波状のものであると提唱した。この波長は、ボーアの原子モデルで許された軌道と完全に一致した。

原子核

ボーアの原子モデル

電子

原子核 ← 軌道

1

2

3 ← エネルギー準位

ニールス・ボーアは、原子核のまわりを回る電子の軌道は限定されており、電子が高い軌道から低い軌道に移るときに特定の波長の光を放出すると唱えた。

らエネルギーを吸収したときには（外側の）軌道に跳躍し、電磁波を放射したときには（内側の）軌道に跳躍することができます。放射の周波数は、この2つのレベルにおけるエネルギーの差によって決まります。

ボーアは、電子の電荷などの実数値に対応した数字を自分のモデルにつけたとき、本物の水素原子が発する赤色光、青色光、紫外光の正確な周波数を計算しました。ボーアが仮定した軌道は、分光学の事実と一致しているようでした（68ページ参照）。

ボーアが原子モデルを考案する数年前に、アインシュタインは、光やそのほかの電磁放射が、アインシュタイン自

身が「光子」と名づけた粒子の流れでできていることを発見します。これは、ジェームズ・クラーク・マクスウェル（28ページ参照）が光を波として論じたのと同じように、たしかな理論でした。1924年、フランスの物理学者ルイ・ド・ブロイ（1892 – 1987年）が、「波動と粒子の二重性」はこれまでずっと粒子と見なされてきたすべてのもの——とくに電子——に当てはまるのではないか、と提唱しました。ド・ブロイは、ボーアの軌道を見直して、電子をかたまりとして動く粒子としてではなく、軌道上を回る「波」として適合させました。やはり、ボーアの数字は完璧に有効でした。原子核のまわりを回る電子波の正確に適合する距離は、ボーアの軌道と完全に一致したのです。

シュレーディンガーの波動関数

水素原子の**波動関数**を、電子が特定の場所に存在する確率のグラフで示している。原子核からの距離を基準にすると、原子核と同じ場所にある確率をゼロとして、最大値まで上がり、そのあとまたゼロに向かって下降する。3次元化すると、このグラフは確率密度が変動する中空の「雲」を描く。

電子は「確率の雲」として存在する

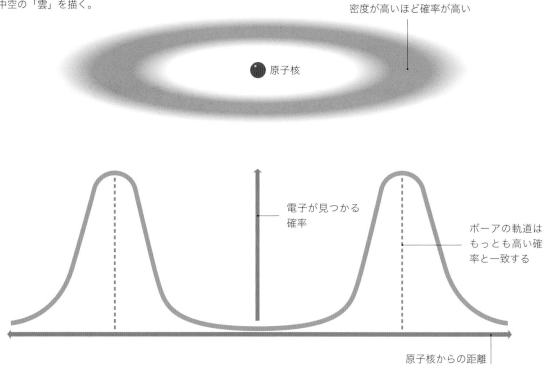

密度が高いほど確率が高い

原子核

電子が見つかる確率

ボーアの軌道はもっとも高い確率と一致する

原子核からの距離

　その翌年にオーストリア出身の物理学者エルビン・シュレーディンガー（1887 – 1961年）が考案した方程式によって、物理学者たちは、原子の中の波のような粒子（または粒子のような波）の振る舞いを計算し、予測できるようになりました。シュレーディンガーの方程式は、原子の中はもちろん、あらゆる量子系で、電子の振る舞いを「波動関数」として予測します。波動関数とは、粒子の位置や速度といったパラメータを決定する数学的構造です。

　奇妙なことかもしれませんが、波動関数にできることは、そうしたパラメータが特定の時と場所で特定の値を持つ確率を出すことだけです。ですから、電子は、波と粒子の両方の振る舞いをするだけでなく、空間の特定の領域全体に「変動する確率の雲」として存在しているのです。本書では、あとの章で、その後に電子についてわかった新しい知識を踏まえながら、量子の世界の奇妙なルールを探っていくことにします。

原子核の中へ

　1911年、オランダの物理学者アントニウス・ファン・デン・ブルック（1870－1926年）は、それぞれの元素に、原子核の正電荷の数に等しい固有の「原子番号」をつけることを提唱しました。100年前にも、同じようなことが提唱されていました。イギリスの化学者ウィリアム・プラウト（1785－1850年）は、いろいろな原子の重さが水素原子の整数倍になるらしいことに気づき、ほかの元素の原子は水素原子が集まってできたものではないかと唱えました。プラウトは、この仮説上の原子を「プロタイル」と呼びました。1917年、アーネスト・ラザフォードは、＋1の電荷を持つ水素原子の原子核がほかの元素の原子核にも存在することを証明しました。ラザフォードはこれを「陽子（プロトン）」と名づけました。

　しかし、原子核の中にもっと別のタイプの粒子が含まれていることは明らかでした。原子番号（原子核の正電荷の量。陽子の数と一致）が倍になると、原子の重さは倍以上になるからです。たとえば、原子番号1の水素の原子量は1ですが、原子番号2のヘリウムの原子量は4です。1920年、ラザフォードは、原子核の中には別の粒子が存在するに違いないと考え、原子核は陽子と電子が組み合わされたものではないかと唱えました。陽子（＋）と電子（－）が組み合わされることで、この粒子全体の電荷は中性となるので、ラザフォードはこれを「中性子」と名づけました。イギリスの物理学者ジェームズ・チャドウィック（1891－1974年）は、1932年に中性子を発見しましたが、それは陽子と電子が組み合わされたものではなく、それ自体が1つの粒子でした。

　1930年代の大きな謎の1つは、原子核がどうやって結合しているのか、ということでした。陽子はすべて正電荷を持っていますが、同じタイプの電荷を持つもの同士は反発します。陽子は、原子核の中にぎっしりと詰まっているのですから、互いに押しのけようとする力は相当強いはずです。一部の科学者は、原子核の内部で陽子と中性子を結びつけている引力があるに違いないと考えました。というのは、中性子は引力の一因にはなっていますが、（電荷を持っていないので）反発力の作用はなく、原子核を結びつける接着剤のはたらきをしているのです。

　1935年、日本の理論物理学者、湯川秀樹（1907－1981年）は、「強い核力」がはたらくメカニズムを提唱します。湯川は、陽子と中性子は、互いの間で「中間子」という仲立ちの粒子を絶えずキャッチボールしていて、この粒子の交換が力の発生源になっているのだと唱えました。これは大胆な説でしたが、湯川が予言した中間子は1947年に発見されました。本書では、あとの章で、その後の実験と理論の発展を踏まえながら、原子核についてくわしく見ていきます。

原子論のさらなる追究

　湯川の中間子のほかにも、原子よりずっと小さな粒子は、次々と見つかっていきました。こうした粒子は、宇宙線（宇宙から降り注ぐ粒子の流れ）の中や、粒子加速器の中で見つかりました。1964年、アメリカの物理学者マレー・ゲル・マン（1929－2019年）は、これら亜原子粒子の一部は──クォークと呼ばれる、もっとずっと小さな粒子が集まった──合成物だと唱えました。ゲル・マンの説によれば、陽子と中性子は3個のクォークからなるもので、ほかの中間子などの粒子は2個のクォークからなるものです。そのほかの電子のような粒子は、本当の意味で基本的なものです。

　現在、あまた存在する基本的粒子や、それほど基本的でない粒子を理解するもっともすぐれた理論──現代の原子論のよりどころ──は標準理論です。標準理論については、第7章でくわしく見ていくことにします。

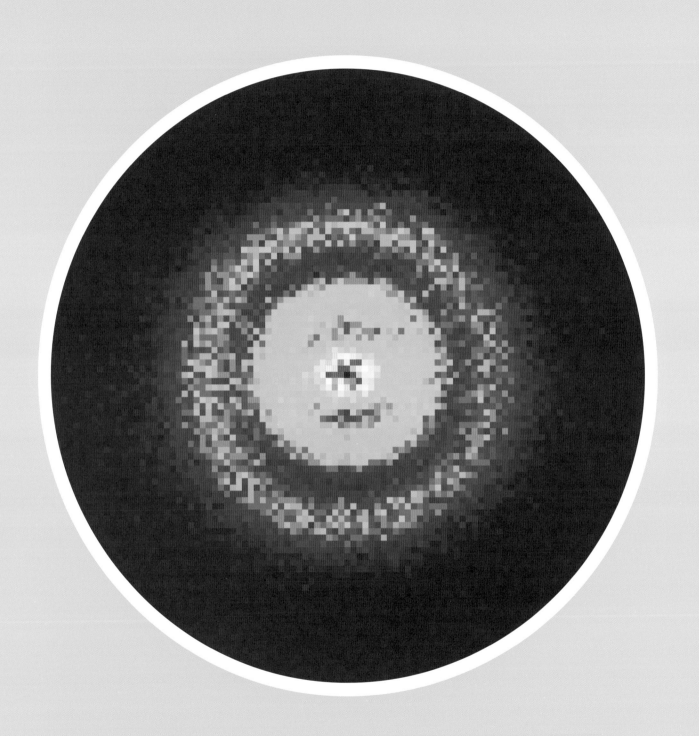

第 2 章

原子の構造

　原子を形づくっているのは、陽子、中性子、電子という、たった3タイプの粒子です。陽子と中性子は固く結びついており、原子の中心で、とてつもなく高密度の原子核を形づくっています。この原子核のまわりに電気的引力でつながれているのが、電子です。この3タイプの粒子は、原子スケールに適用される奇妙な法則——量子力学という科学の一分野で体系化されている法則——にしたがって振る舞っています。

電子は粒子だが、波のような特性も持っている。ほとんどの場合、電子は、波動関数と呼ばれる「確率の雲」として、同時にいくつもの場所に存在する。量子顕微鏡でとらえた左ページの画像は、単一の水素原子の電子波動関数を示している。

スケール感

　原子は想像もつかないほど小さなものです。2億5000万個の原子を1列に並べて、やっと1インチ（約2.5センチメートル）の長さになります。1000万個並べても、1ミリメートルにしかなりません。あまりにも小さくて軽いので、ごく小さな物体でも、それを構成する原子の数は、何十兆とも何百兆ともわからないほど膨大なものになります。

原子のサイズを測る

　原子はあまりにも小さく、直径が1ミリメートルの1000万分の1しかありません（囲み参照）。しかし、原子のサイズを日常生活でよく見るレベルまで拡大してみると、原子の大きさがわかりやすく、おもしろい目安になるでしょう。原子を1000万倍に拡大すると、普通の砂粒（1ミリメートル）くらいのサイズになります。同じ倍率で、わたしたちの身近な

ものを拡大すると（それが砂粒と同じ大きさの原子でできていると仮定すると）、サッカーボールは月の3分の2の大きさになり、普通のイエバエは70キロメートルの長さになります。

　原子核——原子の中心の高密度の部分——は、原子の質量の99.9パーセントを占めていますが、体積はごくわずかな比率にしかなりません。原子核の直径は原子全体のおよそ10万分の1（10^{-5}）で、体積は原子全体の1000兆分の1（10^{-15}）にしかなりません。原子核を見えるくらいの大きさにするには、もっと何倍もの大きさに拡大しなければなりません。原子核を砂粒くらいの大きさに拡大したとすると、原子の直径はおよそ100メートル——フットボール場の長さ——になります。

原子スケールの単位

　科学では国際単位系（SI）を使う。長さの単位はメートル法が基準になる。1センチメートルは、1メートルの100分の1だから、10^{-2}メートルと表記する。1ミリメートルは、1メートルの1000分の1だから、10^{-3}メートルと表記する。原子スケールでもっともよく使われる単位は、ナノメートル（nm、1メートルの10億分の1、10^{-9}メートル）と、ピコメートル（pm、1メートルの1兆分の1、10^{-12}メートル）である。通常の原子の直径は、100億分の数メートル（10^{-10}メートル）である。これは、0コンマ数ナノメートル、あ

るいは数百ピコメートルともいえるが、わずらわしい。しかし、原子の大きさを表すのにちょうどぴったりで、多くの原子物理学者が特別な愛着を持っている単位がある。それがオングストロームである。1オングストロームは、100億分の1メートル（1Å＝10^{-10}m）である。だから、原子の直径は数オングストロームである。事実、原子の中でも一番小さい水素原子の直径はちょうど1オングストロームくらいで、一番大きいセシウム原子の直径はほぼ6オングストロームである。1つ注目すべき点は、原子の直径の測定方法や計

算方法がいくつもあるということだ。実際の話、これから見ていくように、原子の直径は厳密には決まっていない。

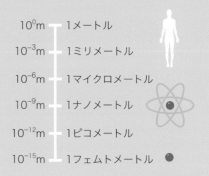

10^{0}m — 1メートル
10^{-3}m — 1ミリメートル
10^{-6}m — 1マイクロメートル
10^{-9}m — 1ナノメートル
10^{-12}m — 1ピコメートル
10^{-15}m — 1フェムトメートル

イエバエは、1兆のさらに1億倍もの数の原子からできている。その1つひとつの原子が砂粒ほどの大きさだとすると、その影がニューヨークのロングアイランドの大部分をおおうほど巨大な体になる。同じように、原子が砂粒ほどの大きさだとすると、サッカーボールの直径は約2250キロメートルとなる。これは、月の直径3476キロメートルの3分の2近くだ。

原子の重さを量る

　原子がいかに小さいかを実感するのに、もう1つ別の方法があります。質量を考えてみましょう。電子の質量は、陽子や中性子の質量の1800分の1以下ですから、これは無視してもかまいません。だから、原子の質量は、陽子と中性子を合計した数で決まります。陽子と中性子は、「核子」と総称されます。陽子と中性子の質量はほとんど同じです。原子スケールでは、質量は通常、「ダルトン」(記号：Da)という統一原子質量単位(記号：u)で表されます。1ダルトンは、核子1個の質量とほぼ同じですが、正確な定義は、炭素12(核子を12個：陽子6個と中性子6個を持つ原子)の質量の12分の1です。単独で存在する陽子や中性子の質量は、1ダルトンよりわずかに大きくなります(次ページ参照)。

　炭素原子のほぼ99パーセントは、炭素12です。それ以外の大部分は、6個の陽子と7個の中性子を持つ炭素13です(核子の数は合計13個なので、炭素13の質量はおよそ13Daになります)。炭素原子のほとんどが炭素12なので、炭素原子1個当たりの平均質量はほぼ12Daです(正確には、12.01Daです)。

　ダルトンとオンス(約28グラム)を比較すると、原子の質量がいかに小さいかわかります。1オンスは1ダルトンの17兆倍のさらに1兆倍(17,000,000,000,000,000,000,000,000)です。これだけの数の核子が集まると、合計の質量は1オンス(約

28グラム)になります。また、また、同じ数の炭素原子の質量は、12.01オンス(約340グラム)になります。

　科学の世界では質量を表すのに、オンスではなく、グラムを用います。1グラムは1ダルトンの6000兆のさらに1億倍(6×10^{23}倍)です。どんな元素の原子でも、これだけの数になると、原子質量の数字をそのままグラムに置き換えられます。つまり、4個の核子を持つヘリウムが6×10^{23}個集まると、4グラムになり、238個の核子を持つウラン238が同じ数だけ集まると、238グラムになります。この便利な数字は、イタリアの科学者アメデオ・アボガドロ(1776 – 1856年)にちなんで、アボガドロ定数と呼ばれます。1810年代に、アボガドロは、温度と圧力が同じなら、どんな気体でも同じ体積には同じ数の粒子(原子または分子)が含まれるという仮説を考え出しました。とはいえ、アボガドロには、粒子の数を知るすべはありませんでした。

　アボガドロ定数が初めて正確に計算されたのは、20世紀の初めになってからです。化学者が「モル」と呼んでいるものを定義づけるこの定数は、化学反応を追跡するのに便利でした。1モルの物質には、つねにアボガドロ定数と同じ数の粒子が含まれています。だから、たとえば、1モルの水(18

12グラムの純粋な炭素の中には、6000兆のさらに1億倍の炭素原子が含まれている。

原子の質量単位

原子核を構成する陽子と中性子は、強い力によって結合しているから、この2つを分離するにはエネルギーが必要になる。その結果、原子核が持つエネルギーは、ばらばらになったときの陽子と中性子のエネルギーより小さくなる。この差は、結合エネルギーと呼ばれる。アルベルト・アインシュタインのもっとも有名な方程式$E=mc^2$で証明されているように、質量はエネルギーを持っているから、原子核の質量もまた、それを構成する陽子と中性子よりも小さいことになる。この差を質量欠損という。この質量欠損は、原子核によって異なる。原子核の質量を表す標準的方法として、科学者は統一原子質量単位であるダルトンという単位を使う。このダルトンは、炭素12の原子核の質量の、12分の1と定義される。

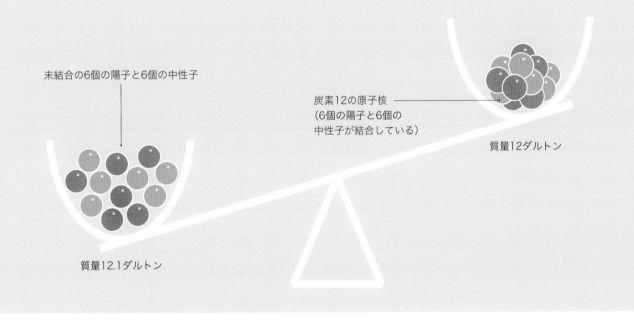

未結合の6個の陽子と6個の中性子

質量12.1ダルトン

炭素12の原子核
（6個の陽子と6個の
中性子が結合している）

質量12ダルトン

グラム、大さじ1杯強）をつくるには、2モル（2グラム）の水素と1モル（16グラム）の酸素が必要です。水は1モルですから、水分子の数はアボガドロ定数に等しくなりますが、それを構成する原子の数は合計するとその3倍になります。

前述のように、アボガドロ定数は気体にも通用します。どんな気体でも温度と圧力が同じなら、同じ体積の気体の中には同じ数の粒子が含まれます。どんな気体でも、標準大気圧で温度が0℃なら、1モルの体積は22.4リットルになります。この体積は、家庭で一般的な電子レンジの容積と同じくらいです。今度電子レンジの扉の中をのぞくことがあったら、中の空気を構成する1兆のさらに1000億倍の数の途方もなく小さな原子や分子が高速で飛び回っていることを想像してみてください。

原子とはどんなものか

原子が想像を絶するほど小さいことを考えると、仮にもわたしたちが原子の存在を知っていて、しかもその内部構造まで知っているというのは、驚くべきことです。そればかりか、もっと多くのことがわかっています。電子が原子核のまわりの定められた軌道を回っているという、古くからの原子のイメージは、実際には決して正しいものではありません。

電子雲

原子が固いかたまりではないこと——内部構造を持つこと——がわかると、科学者たちは、原子をさまざまなパーツが組み合わされたものと考える仮説を立てました（30ページ参照）。

もし単独で存在する原子を「見る」ことができたとしたら、原子はぼんやりした球体のように見えるでしょう。電子は、原子核のまわりを囲んでおおい隠す球体の雲のようなものを形づくっています。そうでなかったとしても、原子核はそもそも小さすぎて見えないでしょう。電子の雲は、ちょうど惑星を包む大気のように、外側に行くにつれて薄くなっており、くっきりとした境界などはありません。水素とヘリウムの原子を除けば、同心球状に二重以上の構造になっている、ぼんやりとした球体です。一番外側の球体にある電子が一番大きなエネルギーを持っています。原子が孤立しないで結合している場合には、電子雲は重なり合って異なる形になります。このように、原子は結合して分子をつくるわけですが、これについては第4章で見ていくことにします。

球形の電子雲がぼんやりしているのは、電子の動きが速くて被写体ぶれを起こしているからではありません。不可思議ですが、原子や原子以下のスケールではごく当たり前のこと——粒子が波のような性質を持つこと——によるものです。この奇妙な「波動と粒子の二重性」が、原子の振る舞いや成り立ちを決めています。これが、物理学の一分野、量子力学のもっとも重要な部分です。

古典的な原子モデル

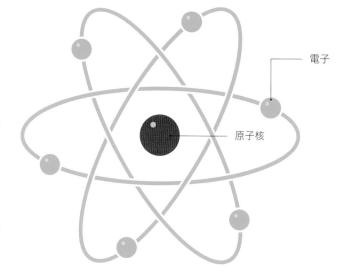

電子

原子核

原子のイメージとしてもっとも根強いのは、惑星が太陽のまわりを回るように、電子が原子核のまわりを回っているというもの。まるで、1つひとつの原子が太陽系のようだ。この原子モデルはあまりにも印象的で、現在でも原子を象徴するものとして使われている。しかし、これは決して原子の姿を正確に表すものではない。

現代の原子のイメージ

炭素12のイラストには、ぼんやりした電子雲が描かれている。原子核には、6個の陽子と6個の中性子——合計12個の核子——が含まれている。核子は複合粒子で、「クォーク」と呼ばれるもっと小さい粒子のさまざまな組み合わせによってできている。クォークには、いくつかの異なるタイプがある。陽子と中性子は、物理学者たちが「アップ」と「ダウン」と名づけた2つのタイプのクォークからできている。アップクォークは$+\frac{2}{3}$の電荷を持っていて、ダウンクォークは$-\frac{1}{3}$の電荷を持っている。2個のアップクォークと1個のダウンクォークを持つ陽子の全体の電荷は＋1であり、2個のダウンクォークと1個のアップクォークを持つ中性子の全体の電荷は0である。

6個の電子は、それぞれ−1の電荷を持っているので、陽子との間にはたらく電気的引力によって、原子核のまわりにつながれている。電子は厳密な軌道をたどっているわけではなく、確率的に同時にいくつもの場所に存在している。だから、原子のまわりの電子は「確率の雲」と考えるのが一番よい。単独で存在する炭素原子の電子は、同心球状になっている2つの雲の中にある。この雲はどちらも球対称である。外側の雲にある電子は、内側の雲にある電子より大きなエネルギーを持つ。

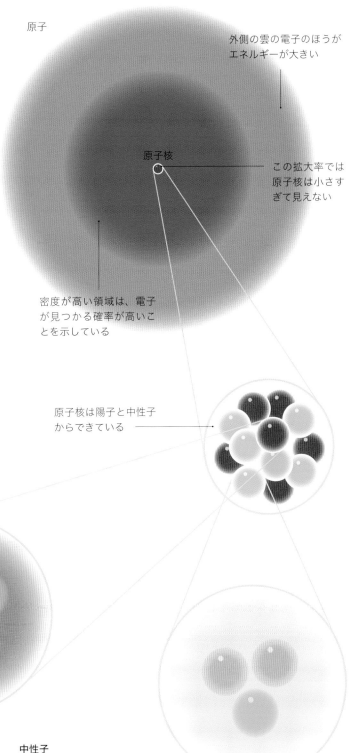

原子

外側の雲の電子のほうがエネルギーが大きい

原子核

この拡大率では原子核は小さすぎて見えない

密度が高い領域は、電子が見つかる確率が高いことを示している

原子核は陽子と中性子からできている

陽子
2個の「アップ」クォークと1個の「ダウン」クォークからできている

中性子
2個の「ダウン」クォークと1個の「アップ」クォークからできている

量子力学

ニュートンの法則

　ニュートンは、自身の画期的な著書『自然哲学の数学的諸原理（プリンキピア）』（1687年）で、3つの運動の法則を発表した。数学を抜きにして簡潔な言葉で言い換えると、運動の第1法則によれば、物体の運動はその物体に力が加えられなければ変わらない。第2法則によれば、物体に力が作用すると、物体は加速して、力の強さと物体の質量に応じて、速度と方向が変わる。第3法則によれば、物体が別の物体に力を及ぼすと、2つ目の物体は同じ強さの力を逆方向に最初の物体に作用させる。この著書の中でニュートンは、自身の運動の法則と重力についての見解を応用して、山の頂上から大砲を撃つ思考実験をしている（下図参照）。砲弾は地面に落ちるが、大砲から撃ち出す速度が速いほど、地面に落ちるまでにより遠くまで飛ぶ。もし撃ち出す速度が十分に速ければ、落下する砲弾が描く曲線は地球の曲率と一致し、砲弾は軌道に乗る。

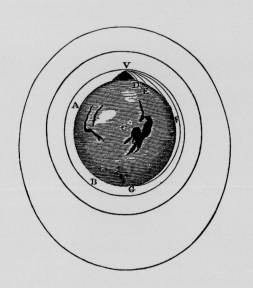

　電子が同時に多くの場所に存在し、粒子と波の両方の特性を持ち、確率にしたがって振る舞うということは、実感としてはあまりピンときません。原子スケールのこうした奇妙な振る舞いを予言しているのが、現代科学でも十分に実証済みのもっとも揺るぎない分野、量子力学です。

力学とは何か

　力学とは、力を受けた物体の振る舞いを予測する物理学の一分野です。たとえば、宙に投げ上げたボールが下降して地面に落ちるまでにどれだけの時間がかかるか、そしてどこに着地するかは――ボールの質量と、ボールを投げる速度と方向、さらに重力や空気抵抗などのボールに作用するすべての力がわかれば――計算できます。力学の先駆者であるアイザック・ニュートンは、有名な3つの運動の法則（囲み参照）を発見し、1687年に発表しました。数学的なことだけいえば、この3つの法則だけでも、人を月へ送り込むのに十分です。建築家やエンジニアも、橋やエンジンを設計するときなどに、この法則を利用しています。

　ニュートンの法則は広く受け入れられ、さまざまな分野で応用されましたが、19世紀後半になると、物理学者たちは、ニュートンの法則に現実とそぐわない部分があることに気づきます。そして、ニュートンが前提とした「機械論的」宇宙観の限界を知らしめる現代物理学が、20世紀初めに生まれました。先鞭をつけたのは、ジェームズ・クラーク・マクスウェルの洗練された電磁気学（28ページ参照）――光が電磁放射の1つだという認識をもたらした理論――です。マクスウェルの理論では、光の速度は「絶対」でなければなりませんでした。つまり、光源に向かって進んでいようと、光源から遠ざかっていようと、光はつねに同じ速さで近づいてきます。もし2人の人間が相対的に動いているとすると、光はどちらから見ても同じ速さになります。

　これは、時間と空間を絶対的だとするニュートン（やそのほかみんな）の想定と食い違い、物理学を根底から揺るがしました。そしてさらに、アインシュタインによって、光速が絶対的であり、（それゆえに）距離と時間の間隔が「相対的」であるという結論が導かれました。相対的に移動している2人の間では、同じ時間的間隔や空間的間隔を測定しても、結果が異なる可能性があるのです。

　アインシュタインの特殊相対性理論（1905年）と一般相対性理論（1915年）は、マクスウェルの電磁気学の発見を考慮して力学を再構成するものでした。相対性理論が予言した奇妙な効果——時間が異なる速さで進み、距離が縮まったり引き伸ばされたりする現象——が重要な意味を持つのは、相対速度がひじょうに大きい場合や、きわめて強力な重力がはたらいている場合に限ります。そうした状況下では、いまでは「古典力学」と呼ばれるニュートンの法則に基づく力学ではなく、「相対論的力学」を用います。ちなみに、アインシュタインのもっとも有名な方程式 $E = mc^2$ は、特殊相対性理論から直接得られた結果です。

　原子スケールにおける物体の振る舞いを予測するために用いることができる力学——量子力学——は、もう1つの非古典的力学です。量子力学も、ニュートンの力学への批判から生まれたものであり、その発展にも、やはりアインシュタインが重要な役割を果たしました。

量子とは何か

　量子力学のそもそもの始まりは、ドイツの物理学者のマックス・プランク（1858 – 1947年）が1900年に発表した科学論文でした。プランクは、高温の物体が発する光（やそのほかの電磁放射）を解明しようとしていました。熱した石炭はオレンジ色の光を放ち、太陽の表面は白い光を放射し、室温のあらゆる物体は（目に見えない）赤外線を放射しています。ジェームズ・クラーク・マクスウェルは、光が電磁波、すなわち電磁場に生じる波動であることを論証しました。電磁波は、周波数（波動が1秒間に完了するサイクルの数）と波長（連続する波の頂点間の距離）の違いを除けば、すべて同じものです。

　また、物体は温度が高いほど、電磁波という形で総量としてより多くのエネルギー——周波数の高い波（波長の短い波）の比率が大きい電磁波——を放射します。ですから、鉄の棒を600℃くらいの温度まで熱した場合、放射される光は赤外線と比較的周波数の低い赤系統の色域の光になり、もっと周波数の高い青のスペクトルの光はまったくといっていいほど放射されません。この鉄の棒をさらに熱すると、もっと高い周波数の光を放射しはじめ——十分な高温まで達すると、すべてのスペクトルをカバーする白熱光を放射

するようになります。プランクは、温度によって異なるあらゆる周波数の光の強度を予測できる方程式を考えようとしました。

　マクスウェルの理論によると、電磁放射は、電荷を帯びた物体が振動することによって生じます。プランクは、振動するものが何であるかについては言及しませんでしたが、こうした「振動するもの」のそれぞれのエネルギーがその振動の周波数と直接関係することは、古典力学に照らしても理にかなったことでした。ただ、方程式だけでは、完全に説明できない実験結果もありました。そこでプランクは、放出されるエネルギーがどんな値も取れるわけではなく、わずかずつ、とびとびになった値にしかならないと仮定し、それを「エネルギー要素」と呼んだのです。

　プランクは定数も導入し、それはプランク定数（記号：h）と呼ばれ続けることになりました。振動する物体が放出できる最小のエネルギー量は、hに振動の周波数（記号：f）をかけたものです。つまり、$E = hf$になります（訳注：エネルギー要素をε、振動数をvとし、$\varepsilon = hv$とも表す）。振動する物体は、エネルギー要素を単位として、整数倍ならどれだけのエネルギー要素でも放出できますが、分数倍のエネルギー要素はどうあっても放出できません。たとえるなら、ドルなら何ドルでも使えるが、セントやセントの小数は使えない、というようなものです。何百万ドルや何十億ドルもするものを買おうとするときには、そうした制約には気がつかないでしょう。同じように、hはひじょうに小さな数ですから、プランクのエネルギー要素は日常生活のスケールでは取るに足らない数値にしかならず、無視してもかまいません。プランクの考えは、ある種のエネルギー原子論を意味していたのです。

可視スペクトルの片端に位置する紫色光の波長は、反対側の端にある赤色光の半分くらいである。

高温の物体が放つ光

高温になった蹄鉄が放つ光の波
長の範囲が、グラフではオレン
ジ色の曲線として示されている。
曲線は、ある程度短い波長〔赤
色光〕のところで一番高くなり、
このあともっと波長が長い赤外
線のところでは下降して尾を引
くように長く伸びている。蹄鉄
をさらに熱すると、総量として
もっと多くの光が放出され——
緑色の曲線——もっと短い波長
の黄色のところで一番高くなる。
蹄鉄は黄色い光を放つようにな
る。蹄鉄をさらに熱すると、総
量としてさらにもっと多くの光
が放射され——青色の曲線——
波長の短い青色の光も放つよう
になる。可視スペクトルのすべ
ての波長が放出され、蹄鉄は真っ
白い光を放つようになる。

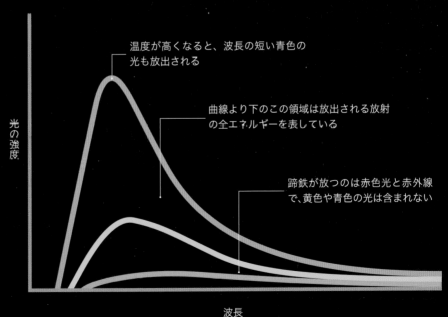

温度が高くなると、波長の短い青色の
光も放出される

曲線より下のこの領域は放出される放射
の全エネルギーを表している

蹄鉄が放つのは赤色光と赤外線
で、黄色や青色の光は含まれない

光の強度

波長

この定数は、プランクにとっては数学的な整合性を取るためだけのものでしたが、アインシュタインが取り上げたことによって、物理学に革命を起こすきっかけとなりました。1905年に、アインシュタインはプランクの発想を借用して、光が原子から電子を放出させる光電効果と呼ばれる現象を説明しています。アインシュタインは、光のエネルギーが離散的な値を取るだけでなく、光そのものがエネルギーを持つ粒子「光子」であるとしました。アインシュタインは、$E = hf$を使って、個々の光子が持つエネルギーを算出しました。そのエネルギーは、エネルギー要素1個、すなわち量子に相当します。紫色光の周波数は赤色光のおよそ2倍なので、紫色光の光子1個当たりのエネルギーは赤色光の光子のおよそ2倍になります。光のエネルギーは光子によって運ばれますが、半分の光子はありません。ただ、この制約は日常的シナリオではやはり意味をなしません。懐中電灯をつけたり、ロウソクに火をつけたりしたとき、膨大な数の光子が放出されますが、そのエネルギーには幅があります。

量子化を考慮に入れた最初の原子モデルは、1913年にニールス・ボーアが発表しました。熱したり、紫外線を照射したりして、原子を励起すると、原子から精密な周波数の電磁放射が放出されることは、ずいぶん以前から知られていました。蛍光染料や蛍光塗料が鮮やかな一定の色を出すのは、この原子の励起が原因です。放射の精密な周波数は元素の特徴ですから、蛍光発光のおかげで、化学者は、分光法を使って元素を識別できるのです（68ページ参照）。

光電効果

光電効果といわれる現象は、金属の表面に光が照射された場合に起きる。光のエネルギーが原子から電子を取り去り、解放すると、自由になった電子は電流として検知できる。光が強いほど、自由になる電子の数が多くなり、電流は強くなる。おもしろいことに、一定の周波数以下では、光がいくら強くても、電子はまったく放出されない。アインシュタインの（正しい）説明では、エネルギーはアインシュタインのいう「光子」という粒子として運ばれる。それぞれの光子が持つエネルギーは、光の周波数によって決まる。光の強度は、1秒当たりに届く光子の数と関係する。電子を取り払うほどのエネルギーを持つ光子が1つもなければ——つまり、周波数が十分に高くなければ——1秒間にどれだけ多くの光子が届いても（つまり、どれだけ光が強くても）意味がない。電子はまったく放出されないので、電流はまったく流れない。もっと周波数の高い（波長の短い）光を使えば、光子の1個当たりのエネルギーが大きくなり、放出される電子1個当たりのエネルギーも大きくなる。

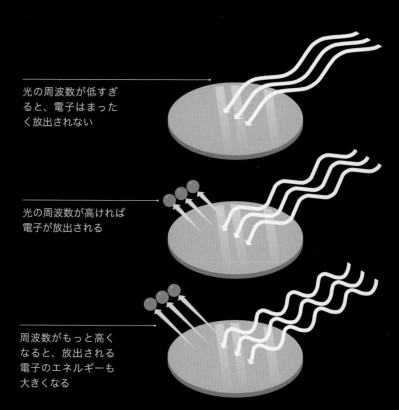

光の周波数が低すぎると、電子はまったく放出されない

光の周波数が高ければ電子が放出される

周波数がもっと高くなると、放出される電子のエネルギーも大きくなる

原子が光子を放出するしくみ

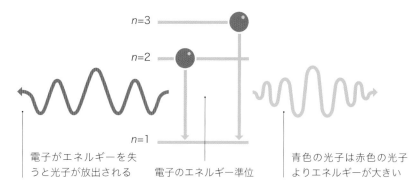

ボーアの原子モデルでは、電子は「許された」エネルギーしか持つことができない。電子は、エネルギーが高いほど、原子核から遠くなる。通常より高いエネルギー準位の電子は下の軌道に移動するが、このとき光子を放出する。電子が失うエネルギーが光の波長を決める。

$n=3$

$n=2$

$n=1$

電子がエネルギーを失うと光子が放出される

電子のエネルギー準位

青色の光子は赤色の光子よりエネルギーが大きい

ボーアは、光が精密周波数を持つなら、放出される電子は一定のエネルギーを持つはずだということに気づきました。そして、光子を生み出すのは電子なのだから、電子は原子の中で一定のエネルギー準位の間を跳躍するはずだ、という結論に達しました。そうでないなら、光子が持つエネルギーは区切りのない連続した幅を持ち、光の周波数も区切りのない連続した幅を持つことになります。ボーアは、原子内の電子のエネルギーを含む系全体を量子化しなければならないと考えました。ボーアが考えた通りでした。現代の物理学では、それぞれのエネルギー準位に、「主量子数」(記号：n)と呼ばれる数字が当てはめられています。もっともエネルギーの小さい$n=1$の電子は、「基底状態」にある、といいます。

ボーアは、自らの理論を使って、もっとも単純な原子である水素の電子のエネルギー準位を計算しました。それから、電子が高いエネルギー準位から低いエネルギー準位に跳躍するときに放出される光の周波数を計算しました。その結果は、現実の世界で水素から放出される光の周波数と完全に一致しました。原子の中の電子が持てる値は限られていること、そして連続したエネルギーを得たり失ったりすることができないことは、明らかでした。電子は、連続した値を取るのではなく、ある値から別のある値にいきなり小さ

暗闇で光るこのサンゴの電子は、目に見えない紫外線によってより高いエネルギー準位に励起され、そのあと可視光の光子を放出してエネルギーを失う。

な「量子跳躍」をすることによって、エネルギーを得たり失ったりするのです。量子化は、ひじょうに小さなスケールでのみ重要な意味を持つことを除けば、まぎれもない事実なのです。

波動と粒子の二重性

　エネルギーの量子化は、量子力学を支える柱の1つです。もう1つの柱が、量子力学の法則にしたがうものは粒子と波の両方として振る舞う、という波動と粒子の二重性です。アインシュタインは、光が粒子（光子）の流れとして振る舞うことに気づきました。しかし、マクスウェルの電磁気学の研究（と数多くの実験）から、光が波として振る舞うことも明らかでした。この二重性は、常識や日常体験とはまったく相容れません。波は広がり、連続していますが、粒子は局在化し（位置が特定され）、離散的です（別々に存在します）。今日まで、同じものが両方の性質を持つということがどういうことなのかを本当に理解した者はいません。

　波動と粒子の二重性がわたしたちの体験できる世界観にいかに反するかを理解するために、次のシナリオを考えてみてください。光源から、検出器がずらりと並んでついているスクリーンに光を投射します。まず、光を波と考えてみましょう。光は電磁場の変動であり、この変動は光源から広がります。波がその発生源から遠ざかるほど、そのエネルギーは広がりますから、それぞれの検出器はエネルギーのごく一部をとらえることになります。すべての検出器は同時に同じ量を受け止めます。

　では今度は、光を別々のパックに入れて送られるもの、つまり光子として考えてみましょう。光子は粒子ですから、光源からまっすぐ進んで検出器の1台だけに達します。光子を一度に1個ずつ送れば（現に「単一光子源」というものが実在します）、検出器の中のただ1台だけが反応します。ただ1台の検出器が1個の光子の全エネルギーを受け取ります。エネルギーは波のように広がったりしません。それぞれの検出器に光子を受け取る平等なチャンスがありますから、時間をかけて個々の光子を大量に照射すれば、すべての検出器が光源から送られる全エネルギーのうちの公正な取り分を受け取ることになります。つまり、このプロセスは、コインを投げるように確率で決まります。コインを何回投げても、それぞれの回で表と裏のどちらが出るかは、ほかの回とは無関係ですが、何度も数多くくり返せば、ちょうど半分が表になり、もう半分が裏になります。コインにそんなことができるのは十分に奇妙なことですが、どうして個々の光子が同じように確率に「導かれる」のかは、いまもって大きな謎です。

　古典的な量子力学的難問である「二重スリット実験」について考えると、このシナリオはもっと奇妙なものになります。この奇妙な結果が意味するものは、量子力学を理解し、さらには原子を理解するための鍵になります。二重スリット実験では、その名の通り、細いスリットを通して光を照射します。この実験でも、スクリーンに照射された光を検出器が受け止めます。どんな波でも小さな穴を通り抜けるときに広がりますから、光の波もスリットを通り抜けるときに広がります（これは回折と呼ばれる現象の結果です）。そのため、スリットは光源のような役割をし、光はそこを通り抜けたあと放射状に広がり、スクリーンに達します。スリットが2つあると、隣り合う2つの光源の役割を果たし、それぞれから光がスクリーンに向かって照射されます。別々の2つの光源から、光の波が並んで進むことになります。

　光がスクリーンに当たる場所に、光の山と谷がともに到達する場所がいくつかできます——2つの光の波が「同位相」になる場所です。こうした場所では、光は互いに強め合い、スリットがない場合よりも明るい光斑ができます。同じように、つねに一方の山がもう一方の谷とともに到達する場所、すなわち「逆位相」になる場所ができます。この場合、2つの光源は互いに打ち消し合います。その結果、スクリーン上には明暗の縞模様ができます。この縞模様は、2つの光源が互いに干渉するので、干渉縞と呼ばれます。すると、一部の検出器はいかなる光もまったく検知しないが、別の検知器は終始明るい光を検知することになります。

波動と粒子の二重性

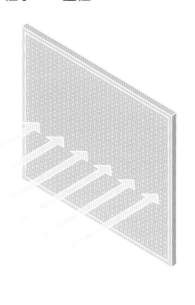

光は電磁波として振る舞うが、光子の流れとしても振る舞う。ここに、電球の明かりで均一に照らされたスクリーンがある。スクリーン上のそれぞれの点は、同じ強度の光を受けている——すなわち、どの点も光子を受け取る平等なチャンスがある。

1

（1）波としての光のエネルギーは、スクリーン上に均一に送られる

2

（2）それぞれの光子は、その全エネルギーをスクリーン上の一点に届ける。ただし、光子がどこに当たるかは確率的に平等である

3

（3）2つの波はスクリーン上で干渉し、打ち消し合うところでは暗い縞をつくり、強め合うところでは明るい縞をつくる

4

（4）やはり干渉縞ができる。この縞は、数多くの単一の光子が何らかの形で互いに干渉して生成される

この実験は1800年代から知られていましたが（当時、もちろん検出器はありませんでした）、主要な証拠の1つは、光が波動であるとする考え方を支持するものでした。問題がややこしくなるのは、前述したような光源から光子を一度に1個ずつ撃ち出す実験をくり返す場合です。この場合、スリットがない場合と同様に、それぞれの光子を受け取れるのは、ただ1台の検出器だけです。しかしここで、光源からスクリーンに向かって、スリットを通して光子を1個ずつ撃ち出すと、一部の検出器は光子をまったく検出できなくなります。奇妙なことに、これを何度もくり返すと、検出器全体の結果は、明るい光を照射したときと同じような干渉縞ができるのです。これから必然的に引き出される結論は、それぞれの光子はどうにかして両方のスリットを通り抜けて「自身と干渉する」ということと、光子は現実に波と粒子の両方の振る舞いを同時にするということです。

波動と粒子の二重性には両方の意味があります。従来、波と考えられてきた光が粒子の流れとして振る舞うというだけでなく、粒子と考えられてきた電子が——同じように原子スケールのすべての粒子が——波として振る舞うのです。光の代わりに電子を使って二重スリット実験を行うと、同じ結果になります。この場合も、光子や電子といった粒子の波の性質は、特定の場所で見つかる確率として現れます。この確率は、実験の設定（この場合は2つのスリットの配置）によって決まります。

波動関数

量子物理学者にとって、上述した実験で見られた光の波は、実際には波ではなく、「波動関数」という確率を表す数式です。この関数は、時空の各地点に値があり、この値は、その瞬間にその場所で粒子が見つかる確率を決定します。波動関数は、量子力学においてもっとも重要な方程式であるシュレーディンガーの方程式（34ページ参照）の1つの解で

$$i\hbar \frac{\partial}{\partial t} \Psi(r, t) = \hat{H} \Psi(r, t)$$

す。シュレーディンガーの方程式は、原子スケールにおけるニュートンの運動の法則に相当するものと考えてもいいでしょう。

波動関数は、どんな波の場合でも同じように振る舞います。波動関数は時空の中を進むことができますし、反射したり、広がったりすることもできます。また、いくつもの波動が重なり合うこともあります。これはちょうど、数多くの波が池の水面を行き交って擾乱が重なり、水面が波立つのと同じです。量子力学において、きわめて重要なタイプの波が定在波です。

波動関数 Ψ（ギリシア文字の「プサイ」）を含むシュレーディンガーの方程式は、それほど複雑そうには見えません。しかし、ハミルトン演算子の $\hat{H}$ は、状況によって変動し、とりわけ複雑です。現在もっとも広く受け入れられている量子力学の解釈は、実体は観察されたり、何らかの形で相互作用したりするまで、波動関数のすべての解の重ね合わせとして存在する、というものです。ある時点で、波動関数は「崩壊」し、可能性の1つである粒子が「決定」されます。つまり、二重スリット実験では、スクリーンに達するまで、光は実際に（確率の）波として進みます。光は、スクリーンと相互作用したとき、その場所で、粒子という離散的物体として振る舞い、その一点に自身のすべてのエネルギーを運ぶのです。

波というと、池の水面を自由に移動するうねりや、空気中を高速で伝わる音波といったイメージが一般的です。しかし、さまざまな状況において、ある意味、波は「制限され」、制約を受けます。たとえば、ギターの弦の端は動くことがで

きません。弦を弾くと、波が上下に移動し、それぞれの端まで行くと、はね返ってきます（囲み参照）。波は干渉を起こし（振動が重なり）、その結果、特徴的で持続的なパターンが生まれます。これが定在波です。定在波には、まったく振動が起きない「節」（たとえばギターの先端の弦が固定された部分）や、振動が最大になる「腹」があります。この制限の結果、この制約（ギターの弦なら固定された端の部分）と折り合いをつけるために一定のパターンだけが許されます。

どんな状況下でも、定在波にはいくつもの可能なパターンがあります——そして、いくつかの、あるいはすべてのパターンが同時に生じます。通常、もっともシンプルなパターンが支配的になり、ほかのモードは比較的目立ちません。ギターの場合には——弦やボディの内部で起きる——定在波のさまざまなモードの特定の組み合わせが、ギターの楽器としての特徴的な音になります。定在波は日常生活ではありふれたもので、とくに楽器は定在波が普通です。たとえば、定在波は、木管楽器の内部の空気や、ドラムの皮の上で生じます。定在波は、量子の世界でもありふれたものです。たとえば、電気的引力で原子核につながれている電子のように、粒子の波動関数は何らかの形で制限されているからです。

エルビン・シュレーディンガーは、電子を1個だけ持つ水素原子に自分の方程式を当てはめてみました。すると、電子の波動関数は、原子核のまわりで電子が生じさせることができる、3次元の定在波の連続で構成されていました。ギターの弦とまったく同じように、特定のパターンだけが許されており、このパターンは電子のエネルギーが量子化されいる事実と密接に結びついていました。シュレーディンガーは、まるで電子が波の上を広がっているかのように、波は電荷の密度を表している、と唱えました。波動関数は「確率密度」の関数だ、と1926年に最初に唱えたのは、ドイツの物理学者マックス・ボルン（1882－1970年）でした。

ギターの弦の定在波

ギターの弦では、弦に沿って上下に伝わり、両方の先端ではね返る波によってできるいくつもの定在波のパターンがある。弦の両端が固定されているので、どのパターンでも両端は必ず節となる。もっともシンプルなパターンの場合、弦の中央部分に腹が生じる。このモードは、基本音と呼ばれる。それ以外のモードは、倍音と呼ばれる。2番目にシンプルな定在波は最初の倍音と呼ばれるもので、弦の中央部分に節が1つだけでき、そのため腹が2つ生じる。その次の倍音パターンは、両端2つの節のほかに2つの節を持ち、3つの腹を持つ。

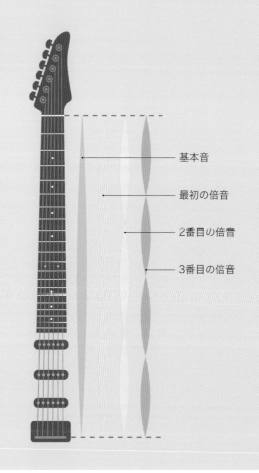

基本音

最初の倍音

2番目の倍音

3番目の倍音

電子軌道

　シュレーディンガーの方程式の定在波解は、波動関数として考えるとき、電子が見つかる確率を決定します。この解は、電子が見つかると予想される空間の領域を特定しますが、こうした領域を「軌道」といいます。電子のもっとも低いエネルギー（$n = 1$、基底状態）に相当するこの解は、球形になります。電子が見つかる確率は、原子核からの距離によって変動します。確率は、原子核の位置ではゼロになり、ある距離で最大値に達し、そのあと徐々に低くなります。注意すべきことは、確率はいきなりゼロにはならない——軌道には明確な境界がない——ことと、そのために原子には明確な半径がないということです。

　上述の球形は、s軌道といいます。2番目に低いエネルギー（$n = 2$）では、もう1つのもっと大きいs軌道があります。ここでもやはり、確率は連続的に変動します。この場合、最大確率は、最初のs軌道より遠い距離になります。この2番目のエネルギー準位では、3つの亜鈴型のp軌道も存在します。それぞれのp軌道は、ほかの2つと直交します。これよりさらに高いエネルギー準位では、d軌道やf軌道と呼ばれる、異なった形の軌道になります（囲み参照）。

原子軌道

　エネルギーが一番低いs軌道（基底状態）は、1s軌道という。シュレーディンガーの方程式の解で次に可能なのは、2s軌道である。次のエネルギー準位、$n=2$になると、また別の種類の軌道が現れる。p軌道は亜鈴型で、$p=2$またはそれ以上のそれぞれのエネルギー準位に3つの軌道がある。3番目の準位$n=3$になると、さらにまた違うタイプの軌道、d軌道が新たに登場する。$n=3$またはそれ以上のそれぞれのエネルギー準位に5つのd軌道がある。$n=4$になると、さらにまた別のタイプの軌道、f軌道が現れる。f軌道には、$n=4$またはそれ以上のそれぞれのエネルギー準位に7つのf軌道がある。

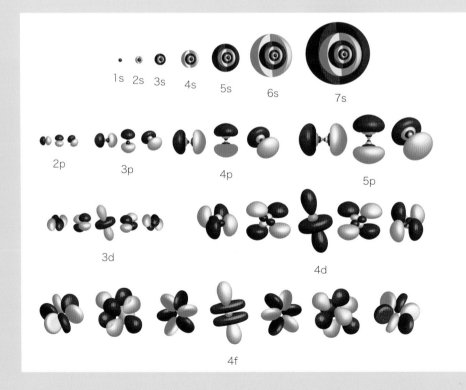

1s　2s　3s　4s　5s　6s　7s

2p　3p　4p　5p

3d　4d

4f

分裂のレベル

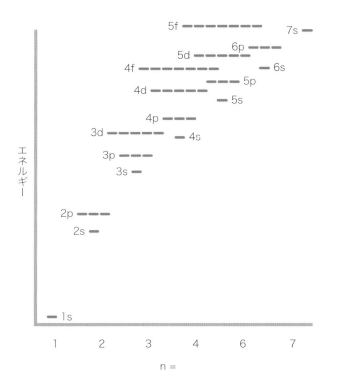

水素原子の利用可能な**エネルギー準位のグラフ**。この数字は電子殻を表し、s、p、d、fの文字は副殻（軌道）を表している。同じ電子殻でも軌道が違えばエネルギーが違っていること、そして、4番目以降の電子殻については、電子殻の数字が小さいものより、エネルギーが低い場合があることに注意。

水素には原子核内の陽子が1個しかないので、電子も1個しかありません。電子をもう1個加え、原子核にも陽子を1個加えると、ヘリウム原子になります。

それぞれの軌道に許されるのは、2個の電子までです（149ページの囲み参照）から、ヘリウム原子の場合には、s軌道がいっぱいになります。その電子配置は、1s²と表記します。電子をもう1個と陽子をもう1個加えると、次の元素、リチウムになります。1sの軌道は2個の電子で定員いっぱいですから、残りの電子は2sの軌道を取ることになります。すると、電子配置は、1s² 2s¹になります。原子核に陽子が増え、それに応じた数の電子が増えるにつれて、軌道は1つずつ段階的に、より高いエネルギー準位に上がっていきます。その

め、たとえば、ホウ素は5個の電子を持っていますが、そのうち2個は1s軌道を、ほかの2個は2s軌道を、残りの1個は2p軌道を取ります。2p軌道の電子は、2s軌道の電子より少しエネルギーが大きくなりますが、どちらもエネルギー準位は同じ（$n = 2$）です。これは、電子同士の相互作用によってエネルギー準位が「分裂」するからです。そこで、それぞれのエネルギー準位で、まずs軌道がいっぱいになり、次にp軌道がいっぱいになり、さらにd軌道やf軌道へと続きます。

原子物理学や原子化学では、それぞれのエネルギー準位を「電子殻」といい、軌道を「副殻」といいます。最外殻の電子の数と配置が、その原子とほかの原子が、どのように相互作用をするかを決め、さらには元素としての化学特性を生じさせます。たとえば、外殻がいっぱいの原子は安定していて、ほかの原子と簡単には相互作用を起こしません。ヘリウム原子は、1s軌道に最大値の2個の電子がある（1s²）ので、（唯一の）外殻がいっぱいです。ヘリウムが非反応性の元素なのは、ただそれだけが理由です。同じように、ネオン原子は、2番目のエネルギー準位の外殻がいっぱい（2s軌道と2p軌道のそれぞれに2個の電子）です。だから、ネオン原子も非反応性です。元素の化学特性が原子の外殻の電子配置に左右されるしくみは、第3章でくわしく見ていきます。

軌道は風変わりでおもしろい形をしていますが、単一の原子はつねに球形です。たとえば、p軌道は、それぞれが同じで、それぞれが互いに直交しているので、全体として「球対称」です。仮に、この3つの中に電子が1個しかなくても、3つにはそれぞれに電子が存在するチャンスが平等にあり、「確率の雲」全体は球形になります。これは、d軌道にも、f軌道にも当てはまります。この2つの軌道も全体として球対称になります。しかし、軌道がはっきりした形をとることもしばしばあります。原子が結合して分子をつくるとき、分子軌道に電子を共有しています。この融合した軌道が分子の形を決めます。分子軌道については、第4章でくわしく見ていきます。

原子核

　原子核を構成する2つのタイプの粒子は、そこから遠い軌道を回る電子よりもはるかに大きな質量を持っています。ほとんどの原子核では、こうした陽子と中性子がしっかりと結合していて、原子核は安定しています。しかし、一部の原子核は不安定で、原子核が変化、すなわち「崩壊」する、放射性崩壊という現象を起こします。原子核は量子力学の確率の法則にしたがっているので、特定の原子核がいつ崩壊するかを予測することは不可能です。

　原子核を構成する陽子と中性子を合計した数を、質量数、またはたんに核子数といいます。陽子と中性子の固有の組み合わせを、核種といいます。原子核の陽子の数を原子番号といい、この陽子の数によって、その原子がどの化学元素に属するかが決まります。それぞれの元素には、固有の原子番号があります。たとえば、すべての酸素原子は陽子を8個持っていますから、酸素の原子番号は8です。

　同じ元素のすべての原子は持っている陽子の数が同じですが、中性子はそうではありません。陽子の数が同じでも、中性子の数が違うさまざまな核種を、同位体といいます。同位体は陽子の数が同じですから、すべての同位体はまとめて同じ元素に属することになります。たとえば、酸素がそうです（次ページ参照）。

　すべての元素にいくつかの同位体がありますから、元素より多くの核種が存在します。現に、天然に存在する元素は90種類程度ですが、天然に存在する核種は330種類以上あります。こうした核種のうち約250種類は安定していますが、残りの約80種類はそうではありません。

原子核の不安定性

　原子核の内部では、2つの強い力がはたらいています。多くの核種（約250種の安定した核種）では、こうした力はバランスがとれています。しかし、それ以外のものはバランスが悪く、原子核は安定性を欠くことになります。そのため、

原子核は変化して、エネルギーがより低く、しばしばより安定した状態を得ようとします。原子核を支配する、2つの力のうちの1つが、電荷を持つ粒子の間にはたらく静電気力です。静電気力の影響によって、同じ電荷（「＋」と「＋」または「－」と「－」）を持つ2つの粒子は反発し合い、異なる電荷（「＋」と「－」または「－」と「＋」）を持つ2つの粒子は互いに引きつけ合います。電荷を持つ2つの粒子の距離が近いほど、両者の間にはたらく反発力（斥力）や引力は大きくなります。原子核の内部の陽子はすべてが正電荷を持ち、極端な至近距離にありますから、強い反発力がはたらいています。

　しかし、もう1つの力は、すべての核子の間にはたらく、きわめて強い引力です。この力は、陽子と陽子、中性子と中性子、そして陽子と中性子を引き寄せています。この引力は、静電反発力（斥力）よりも強いため、反発力を抑えて、原子核を結びつけています。ただし、この核力は作用する範囲が極端に限られています。そのため、原子核から一定の直径以上の距離になると、一番遠くにある陽子同士は、引きつけ合う力よりも、押しのけようとする力のほうが強くなります。その結果、大きくて重い原子核は、ほとんどの場合、小さな原子核よりも不安定になります。

　中性子は原子核を安定させるために重要な役割を果たします。とりわけ、原子核のサイズが大きくなると、その重要度は大きくなります。中性子は、引きつける核力の作用には寄与しますが、反発する電気力には（中性で電荷がないため）関与しません。中性子は、原子核を結びつける接着剤のはたらきをします。もし原子核の陽子の数を増やして、中性子の数を十分に増やさなかったなら、力のバランスが崩れ、原子核は不安定になります。

　原子核がよりエネルギーの低い安定した状態に変わるには、いくつかの方法があります。いずれの場合でも、原子核はエネルギーを、そしてときには粒子を放出します。こうした性質を総称して、放射能といいます。

核種と同位体

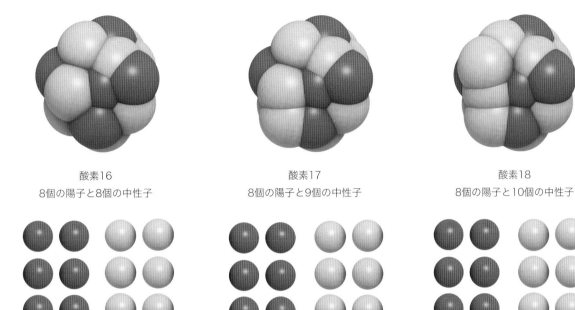

酸素16
8個の陽子と8個の中性子

酸素17
8個の陽子と9個の中性子

酸素18
8個の陽子と10個の中性子

酸素には3つの同位体がある。もっとも多い酸素原子が、8個の陽子と8個の中性子を持つ酸素16で、質量数は16になる。500個に1個くらいの割合で存在しているのが、中性子を10個持つ酸素18。そして、約2500個に1個の割合で存在するのが、中性子を9個持つ酸素17である。

すべての核種

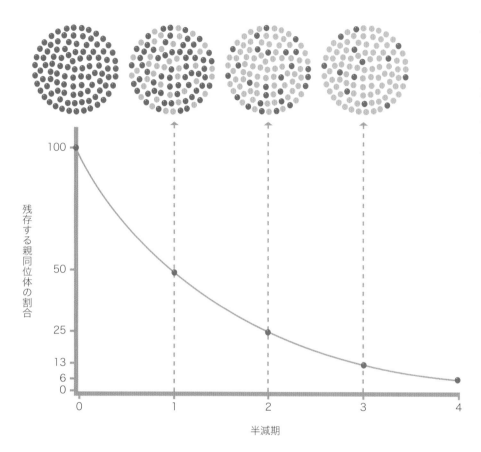

残存する親同位体の割合

半減期

放射性元素のどの原子核も、崩壊する確率はつねに同じである。そのため、最初にどれだけの数の原子核があっても、その半分が崩壊するのにかかる時間はつねに変わらない。この時間を半減期というが、同位体のウラン238の場合、半減期は約4億5000万年である。半減期の2倍の9億年後には、崩壊しないで残っている原子核の数は、最初の数の4分の1になる。

放射性崩壊

ウラン原子は、地球上で普通に見つかるあらゆる元素の中でもっとも重い元素です。すべてのウラン原子核は、92個の陽子を持っています。もっとも安定したウランの同位体は、ウラン238で、146個の中性子を持っています（238 ＝ 92 ＋ 146）。ウラン238はもっとも安定したウランの同位体ですが、完全に安定しているわけではありません。もし100個のウラン238を1か所に集めておいたとすると、4億5000万年後には、そのうち50個の原子が崩壊しています。さらに4億5000万年たつと、元のウラン原子のうちまだ崩壊しないで残っているのは25個だけになっています。つまり、4億5000万年がウラン238の半減期です。

ウラン238は、アルファ粒子を放出して崩壊します。アルファ粒子は、2個の陽子と2個の中性子が強固に結合した粒

子です。この「アルファ崩壊」の結果、原子核は2個の陽子を失いますから、もはやウラン原子ではありません。原子番号90のトリウムという元素です。この新しい核種はトリウム234です（原子番号は2つ減って90になり、質量数は4つ減って234です）。ウラン原子から放出されたアルファ粒子は、高速で飛び出して、高確率でほかの原子核に吸収されます。しかし、これとはずいぶん違う運命をたどり、ほかの原子から2個の電子（陽子と同じ数）を奪い取って、独立した存在になる場合もあります。そうなると、アルファ粒子は、もっとずっと小さいヘリウムという元素の原子になります。実際の話、地球上のほぼすべてのヘリウム——風船をふくらませたり、MRI（磁気共鳴断層撮影）スキャナーに使ったりする物質——は、そもそも地下の放射性崩壊で生まれたアルファ粒子が、電子をとらえて原子になったものです。

アルファ崩壊

放出されたアルファ粒子

$^{4}_{2}He$
（ヘリウム4）

親原子核

崩壊の事象

$^{238}_{92}U$
（ウラン238）

娘核

$^{234}_{90}Th$
（トリウム234）

放出されたガンマ光子

不安定な原子核が、アルファ粒子を放出する放射性崩壊。ここでは、92個の陽子と146個の中性子を持つウラン238が崩壊して、トリウム234（90個の陽子と144個の中性子）に変わる。ガンマ線も放出される。

凡例

○ ベータ粒子

○ 中性子

● 陽子

〜▶ ガンマ光子

ベータ崩壊

放出されたベータ粒子

親原子核

崩壊の事象

$^{234}_{90}Th$
（トリウム234）

励起された娘核

$^{234}_{91}Pa$
（プロトアクチニウム234）

放出されたガンマ光子

原子核が脱励起する

娘核

$^{234}_{91}Pa$
（プロトアクチニウム234）

ベータ崩壊（60ページ参照）では、**中性子が陽子と電子**に変わる。電子はベータ粒子として放出される。ここでは、トリウム234（陽子90個、中性子144個）が崩壊してプロトアクチニウム234（陽子91個、中性子143個）になり、このとき過剰なエネルギーがガンマ線となって失われる。

ガイガー・ミュラー管はもっとも一般的に使われる放射能測定器である。放射性崩壊で生じるアルファ粒子（中性子2個と陽子2個のかたまり）やベータ粒子（原子核内でつくられる高速の電子）やガンマ線は、近くの原子の電子を弾き飛ばし、電荷を持つ原子、イオンをつくる。空気がイオン化された場合、空気は電気を通すようになる。放射能測定器は、イオン化された空気中の電流を検知することで機能する。4億5000万年たつとウラン原子は崩壊して元の数のわずか半分になるが、この試料中にも1兆のさらに1兆倍もの原子があるので、毎秒、数多くの原子が崩壊する。

　ウラン238の崩壊によって生じる「娘核種」のトリウム234は、親原子核に比べてエネルギーは小さいものの、実際のところはるかに不安定です。そのため、わずか数週間で崩壊する可能性があります。この新たにできた原子核は、元のものより軽くなっていますが、不安定で、ベータ崩壊というまた別の崩壊過程を起こします。この場合、原子核の中性子が自身のアイデンティティを変えて陽子になり、その過程で電子をつくります。ベータ粒子と呼ばれるこの新しい電子は、原子核から高速で外の世界に飛び出し、ほかの原子核のまわりを回っている穏やかな電子のそばを通り過ぎます。

　注意すべき点は、ベータ崩壊の間、全体の電荷の量がまったく変わっていないということです。この中性子は全体としては電荷を持たず、新たにできた陽子は正電荷を持ち、新たにできた電子は負電荷を持ちます。

　この「電荷保存」という現象は、亜原子粒子が相互作用するときには、必ず観察されます。さらに注意してほしいのは、陽子が1つ増えたことによって、この新しい娘核種は原子番号が91になり、この原子はもうトリウムではなくなります。新しい核種は、プロトアクチニウム234です。もう1つ注意してほしいのは、原子番号が1つ増えて91になりますが、質量数は234のままだということです。というのは、新しい陽子の質量は、元の中性子の質量とほぼ同じだからです。

　アルファ崩壊とベータ崩壊はどちらも、最終的に原子核が前よりも低いエネルギー状態に落ち着きます——そうでなければ、崩壊は起きません。このエネルギーの一部は、アルファ粒子を放出したり、電子（ベータ粒子）をつくったりするために必要なものですが、残りは電磁放射として放出されます。これは、電子がより高いエネルギー準位からより

低いエネルギー準位に移って光を生成するのに似ています（68ページ参照）。しかし、この場合のエネルギーの量は、原子核の内部のほうが電子の軌道上よりはるかに大きくなります。というのは、原子核のほうがはるかに強い力が作用している激しい環境だからです。その結果、この電磁波は周波数がひじょうに高く、それぞれの光子は、電子が生成する可視光の光子よりもずっと大きなエネルギーを持ちます。この高周波数、高エネルギーの放射は、ガンマ線と呼ばれます。中には、アルファ粒子やベータ粒子は放出せず、ガンマ線を放出して、原子核が「励起された」高いエネルギー状態から安定したより低いエネルギー状態に移行するだけの場合もあります。実際に、トリウム234がベータ崩壊したあとに残った娘核種——プロトアクチニウム234——は励起状態の場合もありますし、「準安定」状態（プロトアクチニウム234m）になる場合もあります。この娘核種は、崩壊してガンマ線を放出することによって、より低いエネルギー状態になることもありますが、ほとんどのプロトアクチニウム234mは、ベータ崩壊して、ウラン234になります。

放射線放射

　不安定な原子核が崩壊する際、アルファ、ベータ、ガンマという、3つのタイプの放射線を出す。より重いアルファ粒子は高い確率でほかの原子核に吸収されるため、アルファ粒子は「貫通性」がもっとも低い。アルファ粒子は紙1枚で止めることができる。ベータ粒子はもっと高速で軽いので、紙を貫通するが、金属——たとえば、アルミニウム——の薄板で止めることができる。ガンマ線は強力な電磁放射で、鉛などの密度の高い物質の分厚い層でなければ止められない。放射線の危険性とメリットについては、第6章でくわしく見ていくことにする。

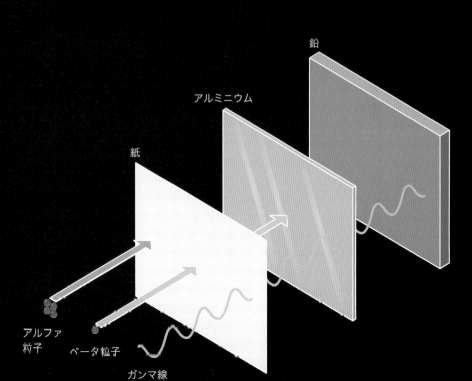

鉛

アルミニウム

紙

アルファ粒子

ベータ粒子

ガンマ線

量子論と原子核

　ウラン238の原子核が不安定だとしたら、どうして4億5000万年後になっても、50パーセントの原子核が崩壊しないで、元のまま残っているのでしょうか。同じように、不安定なトリウム234の原子核は、どうして崩壊するのに通常何週間もかかるのでしょうか。どうして、こうした不安定な原子核は、即座に崩壊してしまわないのでしょう。その答えは、量子力学にあります。原子の電子が量子物理学の法則に支配されているのとまったく同じように、原子核を構成する陽子と中性子も、量子物理学の法則に支配されています。原子核にも波動関数があり、エネルギー準位が明確に定められていて、その振る舞いは確率によって決まります。その結果、互いに何も影響し合わなければ、どこにどれだけのウラン238があっても、4億5000万年後にはちょうど半分の原子が崩壊しています。どの原子核が崩壊するかは、まったくの偶然です。

有名な**シュレーディンガーの猫**のパラドックスでは、放射性の原子核が崩壊すると、猛毒の小びんの口が開かれる。「観察される」まで量子状態は同時に存在するので、箱が開かれるまで、この原子核は崩壊していると同時に未崩壊であり、猫は死んでいると同時に生きていることになる。

半減期

　天然に存在するおよそ330種類の核種のすべてを表示したグラフ。グラフの縦軸は陽子の数（原子番号）を、横軸は中性子の数を示している。黒で示した核種は安定している。それ以外の色は核種の半減期を表しており、青は安定していて半減期が長く、黄色は不安定で半減期が短い。注意してほしいのは、原子核のサイズが大きくなるほど、原子核を「くっつけて」おき、安定させるために、多くの中性子が必要になることである。

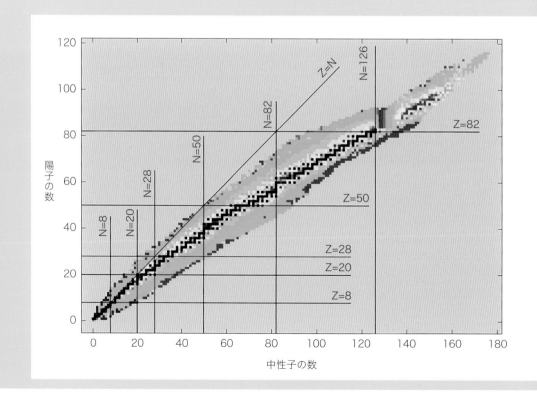

トンネル効果

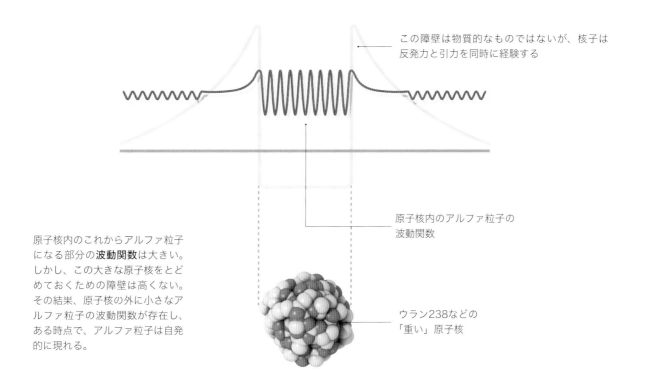

この障壁は物質的なものではないが、核子は
反発力と引力を同時に経験する

原子核内のアルファ粒子の
波動関数

原子核内のこれからアルファ粒子
になる部分の**波動関数**は大きい。
しかし、この大きな原子核をとど
めておくための障壁は高くない。
その結果、原子核の外に小さなア
ルファ粒子の波動関数が存在し、
ある時点で、アルファ粒子は自発
的に現れる。

ウラン238などの
「重い」原子核

アルファ崩壊は、トンネル効果という量子力学的な現象の結果起きます（123ページも参照のこと）。陽子と中性子を原子核内で結びつけておく2つの力の組み合わせが、通常こうした粒子を原子核にとどめておく障壁をつくります。この障壁の高さと幅は、核子の数と、陽子と中性子の固有の組み合わせによって決まります。原子核内にある粒子すべての波動関数が、この障壁に作用して――電子が定在波になるのと同じように――原子核の境界内をはね回る定在波になります。

原子核全体の波動関数は、原子核内にある陽子・中性子すべての波動関数の可能な重ね合わせです。そのため、まだ存在していない粒子であっても、原子核内には（多くの）アルファ粒子の波動関数が存在するのです。

この波動関数は、障壁からはね返るとき、定在波を生じます。もしこの障壁の高さと幅が無限なら、波動関数はそこで突然停止します――ギターの弦の固定された端ですべての振動が止められるのと同じです。しかし、障壁が有限なら、波動関数はかなり減少しますが、障壁の内と外で存在します。つまり、粒子が原子核の外で見つかる実確率が、小さいながらある、ということです。障壁が低くて狭いほど（原子核がより不安定なほど）、アルファ粒子が自発的に障壁を通り抜けて外側に現れる可能性が高くなります。

原子番号と同位体を理解し、電子が核のまわりにどのように位置するかが理解できれば、核種を整理して、周期表をつくることができます。これが次の章の主題です。

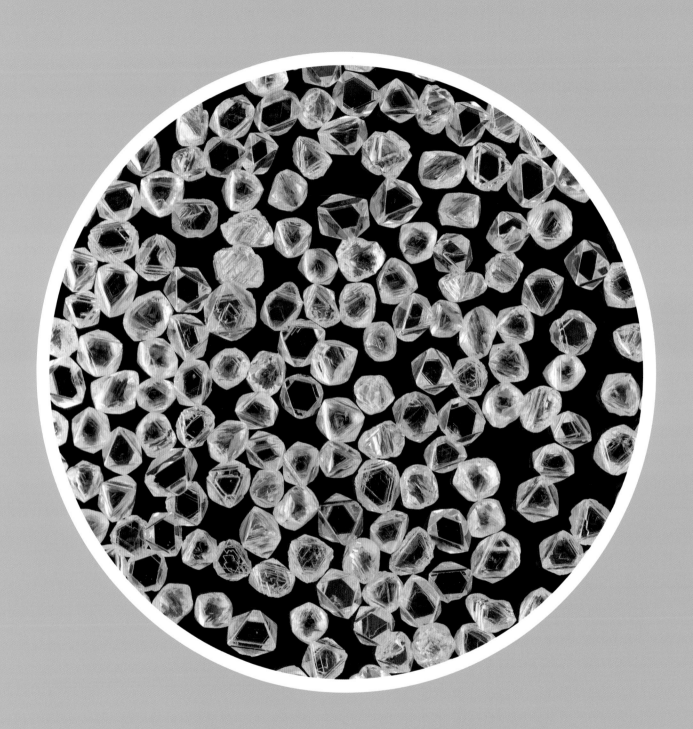

第3章

原子のアイデンティティ

あなたの身のまわりにあるすべてのものは、およそ90種類の化学元素の原子でできています。同じ元素のすべての原子は、同じ数の陽子と中性子（さらに原子核のまわりを回る同じ数の電子）を持っています。つまり、陽子の数が原子のアイデンティティを決めます。それぞれの元素の化学特性——ほかの元素とどのように相互作用するか——を決めるのは、一番外側の軌道を回る電子の配置です。

ラフカット状態のダイヤモンド。純粋なダイヤモンドは、炭素原子だけが結合した結晶構造の物質である。ほとんどの天然ダイヤモンドには不純物——結晶構造の中に混じった別のタイプの原子——が含まれており、これがわずかな変色を起こしている。

元素を識別する

　地球上に存在する天然の元素は、およそ90種類です（90のタイプの原子があるということです）。ウラン（原子番号92）は、安定した同位体が存在する元素としてはもっとも重いものです。ウランより軽い不安定な元素は2つありますが、これは天然に存在するものではありません。しかし、ウランより重い元素がごく微量ながら極端な環境下で見つかることもあるので、正確な数ははっきりしません。正確な数がいくつであっても、元素はずいぶんたくさんあります。1つひとつの元素を見分けるには、どうすればいいのでしょうか。

　純粋な元素の特性は、多種多様です。たとえば、室温では、元素によって、あるものは目に見えない気体になり、あるものは輝く金属の固体になり、またあるものは鮮やかな色の液体になります。化学活性がひじょうに高い元素もあれば、不活性なものもあります。沸点がひじょうに高いものもあれば、ひじょうに低いものもあります。物理的特性と化学的特性の厳密な組み合わせ——原子核のまわりの電子の配置と、原子核の陽子と中性子の数によって決まる——によって、純粋な元素を識別することができます。たとえば、いまあなたの手元にある試料が、反応性の高い無色の気体で、沸点が−183℃の元素なら、それは酸素です。

元素鉱物は、ほぼ純粋な状態で自然界に存在する元素である。写真にある少量の試料は、ほぼすべてが同じ何兆個もの原子からできている。どの試料にも、数百万〜数十億のほかの元素の原子が含まれている。

硫黄

銀

ほとんどの元素は、純粋な状態ではめったに見つかりません。ほとんどの場合、元素は、別の元素の原子と固く結合した化合物の中に存在しています。ときおり自然界に純粋な状態で見つかるおよそ30種類の元素の中でも、金、銅、炭素、硫黄、銀は、その外見から比較的簡単に識別できます。大部分の元素は、自然界ではほかの元素と結合した状態でのみ存在しているので、これらを識別するには、まず、元素同士を分離して、純粋な状態にしなければなりません。たとえば、ほとんどの金属は、通常は酸素原子と結合した鉱石の形で存在しています。精錬では、炭素とともに加熱するのが一般的で、鉱石が含有している酸素を奪

い取れば（二酸化炭素をつくれば）、あとに純粋な金属が残ります。

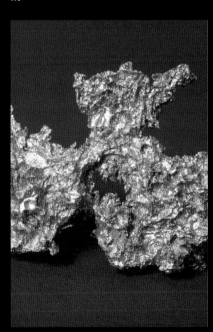

純粋な銅を取り出すには、鉱石中の銅の原子と酸素の原子の結合を、熱と木炭の炭素原子を使って切り離す。

グラファイト（炭素）

自然金

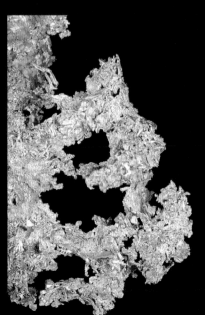

銅

分光法

多くの場合、化合物を加熱すると、元素に分解され、その原子が分離して蒸気になります。炎色試験は、この事実を利用して、化合物中に含まれる金属元素を識別する方法です。未知の化合物を炎で加熱すると、金属原子が放出されて、蒸気に変わります。高温の原子の電子は、より高いエネルギー準位にはね上がり、そのあとまたエネルギー準位が低下するときに、固有の周波数（つまり色）の光を放出します。放出される光の正確な周波数は、この2つのエネルギー準位の差によって決まります（46ページ参照）から、それぞれの元素に固有の周波数になります。

特定の元素が含まれていることを確かめるには、通常は分光器を使って光の色を調べます。分光器とは、個々の（エネルギー準位の特定の組み合わせと一致する）周波数の光を分離する機器です。同じ特有の周波数は、花火の色や、街路灯に使われるナトリウムランプのオレンジ色など、身近な現象の中にも見られます。1860年代以降に発見された元素の多くは、分光法と呼ばれるさまざまなテクニックによって、新しい元素として特定された——つまり「新種」として確認された——ものです。

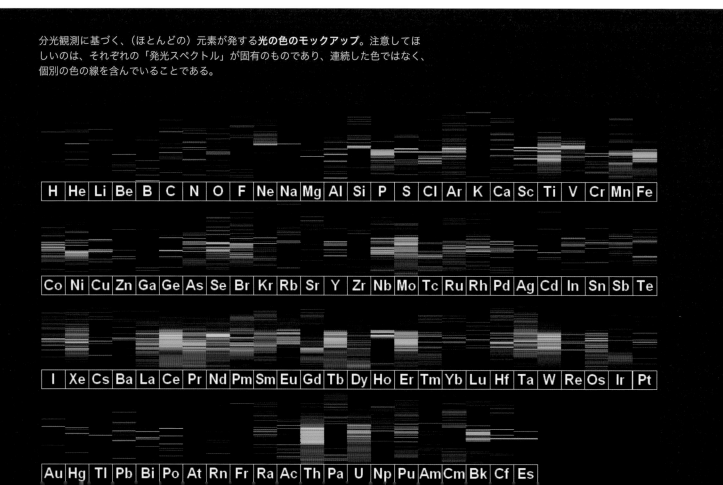

分光観測に基づく、（ほとんどの）元素が発する**光の色のモックアップ。**注意してほしいのは、それぞれの「発光スペクトル」が固有のものであり、連続した色ではなく、個別の色の線を含んでいることである。

質量で選別する

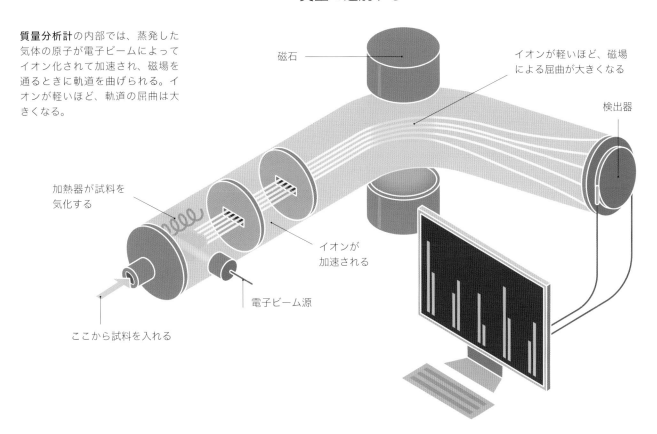

質量分析計の内部では、蒸発した気体の原子が電子ビームによってイオン化されて加速され、磁場を通るときに軌道を曲げられる。イオンが軽いほど、軌道の屈曲は大きくなる。

磁石

イオンが軽いほど、磁場による屈曲が大きくなる

検出器

加熱器が試料を気化する

イオンが加速される

電子ビーム源

ここから試料を入れる

質量分析計

　通常は化合物として結合している元素を識別するもう1つの手段は、質量分析計です。まず、検査する試料を真空チャンバー——中の空気を排出した容器——の内部で蒸気にして、個々の原子に分離します。高出力の電子ビームで原子から電子を弾き飛ばし、原子を陽イオンに変えます。こうしたイオンは、強い電場によって加速され、チャンバーの中を秒速数キロメートルの速度で飛んでいきます。チャンバー内の強い電場と磁場は、このイオンに曲線軌道を取らせます。ここで重要なのは、イオンが重いほど、軌道の屈曲が小さくなるということです。これは、宙を飛ぶテニスボールが風にあおられた場合、宙を飛ぶピンポン球が同じ強さ

の風にあおられた場合と比べて、飛ぶコースの変化が少ないのと、ちょうど同じことです。湾曲したチャンバーの反対側の末端にある装置が到達したイオンを検出することによって、チャンバー内を通過したイオンの質量がわかり、その結果、試料中にどんな元素が含まれているかがわかります。イオンはその質量に応じて分離されますから、この技術は、同位体を分離するのにも使えます（同位体は、陽子の数が同じなので、同じ元素ですが、中性子の数が違います）。質量分析法はさまざまな用途に応用されます。その一例が、科学捜査や、ウランを2つの主要な同位体に分離する方法などです。ちなみに、原子力発電所で利用できるウランは、このうちの一方だけです。

元素の起源

あなたのまわりにあるすべての物質は、原子核と電子からできていて、多くの場合、この2つは結合して原子（またはイオンや分子）を形づくっています。原子核の陽子の数は、その原子がどの元素に属するかを決めます。一部の原子核——つまり一部の元素——が初めてつくられたのは、宇宙が始まった直後の最初の数秒間から数分間です。そのほかの元素は恒星の内部でつくられ、さらに一部の元素は、膨大なエネルギーを持つ超新星の内部でつくられます。それ以外のものは、放射性崩壊の結果つくられます。

太古の昔の核種

原子核は陽子と中性子からできていますが、それぞれの固有の組み合わせを核種といいます。原子核は、電子と結合する前は、陽子と中性子のたんなるかたまりでした。この微小な物体は、いわば「原子核の候補」です。この最初の原子核の候補は、宇宙の初期につくられました。わたしたちが知る限り——現代宇宙論の証拠と理論が示す限り——では、

宇宙は138億年前に突然無から生まれました。すぐさまエネルギーが凝縮されて、膨大な数のクォークがつくられました。およそ100万分の1秒後に、こうしたクォークの大部分は、3つのクォークからなる複合粒子をつくります。こうした粒子が陽子と中性子です。個々の陽子は、水素1の原子核の候補です。つまり、初期設定では、水素1が最初に誕生した核種でした。

最初は、陽子と中性子は同数でした。しかし、（未結合の）自由中性子は崩壊して、陽子と電子になりますから、陽子の数は中性子よりもずっと多くなりました。事実、数秒後には、陽子と中性子の数はおよそ7対1になりました。次の2、3分間——宇宙が始まってから数分以内——に、多くの中性子は陽子と結合して、水素1よりも重い核種になりました。

1個の中性子は1個の陽子と結合して水素2（陽子数1、中性子数1）となります。これは、重水素とも呼ばれます。中性

中性子崩壊

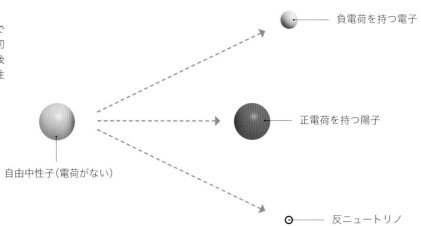

（未結合の）自由中性子は不安定である。自由中性子が崩壊すると、初期宇宙の電子と陽子になる。崩壊後も全体としては電荷がないことに注意してほしい。

自由中性子（電荷がない）

負電荷を持つ電子

正電荷を持つ陽子

反ニュートリノ

原初の元素

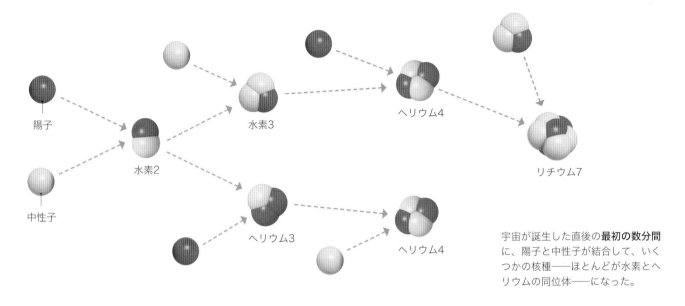

陽子

中性子

水素2

水素3

ヘリウム4

ヘリウム3

ヘリウム4

リチウム7

宇宙が誕生した直後の**最初の数分間**に、陽子と中性子が結合して、いくつかの核種——ほとんどが水素とヘリウムの同位体——になった。

子をもう1個加えると、三重水素とも呼ばれる水素3（陽子数1、中性子数2）になります。こうした水素は、もっとはるかに安定した核種のヘリウム4（陽子数2、中性子数2）への中間段階にすぎません。

もし宇宙の膨張速度がもっと遅かったなら、すべての中性子はヘリウム4の候補になってそこで終わり、残った陽子は水素1になっていたでしょう。そしてこの2つの核種しか存在しない宇宙になっていたでしょう。しかし、宇宙はすさまじい速度で膨張したので、わずかな重水素とヘリウム3が残りました（三重水素は不安定なため、すぐに崩壊してヘリウム3になりました）。さらに、最初の原子核の候補には、わずかな割合ですが、リチウム7（陽子数3、中性子数4）がありました。しかし、全体としては、最初の数分後には水素1とヘリウム4が原子核の候補の99.9パーセントを占めていました。そして現在でも、この2つが宇宙で飛び抜けて多い核種です。

最初の100万分の数秒以内に、大量の電子もつくられました。初期宇宙の激動的な状況の中で、高熱と宇宙を飛び交う放射線があまりにもすさまじかったため、電子は原子核の候補の軌道上におさまることができず、原子は存在することができませんでした。宇宙の物質は、負電荷を持つ電子と正電荷を持つイオンが混合した「プラズマ」として存在していました。正電荷を持つイオンは、陽子より電子の数が少ない原子のことです。この場合のイオンは、電子をまったく持っていません。プラズマは、電子と完全に「裸の」原子核の候補が混合したものです。宇宙の状態が落ち着いて、最初の原子が現れるのは、それから38億年後のことです。原子核の候補は、やっと原子核になりました。電子が原子と結びついて、宇宙は透明になります——それ以前は、電子が放射線を吸収したり再放射したりするので、宇宙は不透明で濁っていました。宇宙は、透明になると同時に、暗くなりました。元々は熱かった宇宙が冷えて、光を生み出すものが何もなくなったからです。それも、およそ2億年後にはすっかり変わってしまいます。

星の誕生

最初の世代の星は、あとの世代の星よりも平均してはるかに大きかっ
たはずだが、宇宙で新たに誕生する星はいまでも同じように形成され
る。重力が、巨大なガスの雲の一番密度の高い領域を凝縮させる（1）。
重力崩壊が進んで、ガスの温度と中心部の密度が上がり、核融合が始
まる。熱がガスを膨張させ、この若い「原始星」がそれ以上崩壊しな
いように支える。核融合によって放出された熱が、ガスを熱して高温
にする。若い星は、強力な電磁光やそのほかの放射を放出して、周囲
の宇宙空間に荷電粒子の風を吹かせる（2）。こうした放射物が、星の
周辺に残っているガスを一掃する（3）。

原初の光

宇宙の長い暗黒時代には、宇宙の一部の領域はほとんど
が水素とヘリウムのガスでできた雲で満たされていました。
それ以外の領域は、何もない空っぽの空間でした。ほとんど
の水素は2個の原子が結合した分子の形で存在し、その一
方、ヘリウムは単独の原子でした。このガスは、密度が極端
に希薄でした。1立方センチメートルに数千個の原子や分子
しかなく、これは地球上の科学実験室でつくり出せる最高
の真空度と同じくらいの密度です。ガスの雲の一部は、平均
よりもほんのわずかに密度が高く、何百万年もの時を経て、
こうした密度の高い領域の原子や分子の相互重力で、水素
とヘリウムの混合したガスが引き寄せられていきました。

そして、重力崩壊（訳注：自身の質量による重力によって
収縮すること）の結果、球状のかたまりができ、その密度は
ますます高くなっていきます。また、重力崩壊によって放出
されるエネルギーは、球状のかたまりの内部で、ガスを熱し
ていきます。このガス球の温度が上がることによって、原子
から電子が離れ、ガスは再びプラズマになりました。やが

て、ガス球の温度と圧力は、この微小な原初の原子核の一部
を融合させるほどに高まり、新しい原子核の候補ができま
した。この「核融合」は膨大なエネルギーを放出し、ガスの
温度をさらに上げていきます。そのプロセスは2つの結果を
もたらしました。第一に、高温のガスは膨張し、その力でさ
らなる重力崩壊に対抗しました。第二に、高温によって、巨
大な球体は白熱して光を放ち、成熟した星になって、真っ暗
な宇宙で明るく輝く灯火となったのです。

この第1世代の星は、最初はほとんどが水素1（裸の原子
核）で、ごく一部がヘリウム4でした。こうした星は、その生
涯のほとんどにわたって、陽子・陽子連鎖反応と呼ばれる作
用によって、ひたすら水素1からヘリウム4をつくりつづけ
ました。この「水素燃焼」は、わたしたちの太陽を含むほと
んどの星で起きている一般的な反応でもあります。つまり、
地球上のすべての生物を支えているエネルギーは、太陽の
深部で水素の原子核が結合してヘリウムになることによっ
て生じているのです。

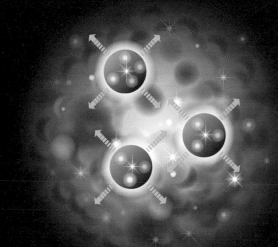

水素燃焼

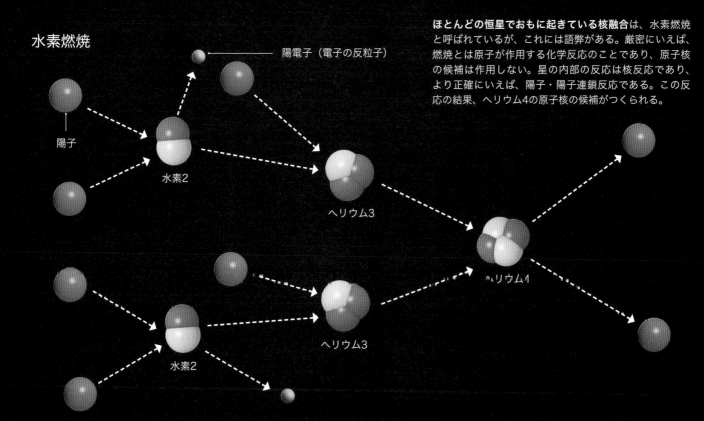

陽電子（電子の反粒子）

陽子

水素2

ヘリウム3

ヘリウム4

水素2

ヘリウム3

ほとんどの恒星でおもに起きている核融合は、水素燃焼と呼ばれているが、これには語弊がある。厳密にいえば、燃焼とは原子が作用する化学反応のことであり、原子核の候補は作用しない。星の内部の反応は核反応であり、より正確にいえば、陽子・陽子連鎖反応である。この反応の結果、ヘリウム4の原子核の候補がつくられる。

トリプルアルファ反応

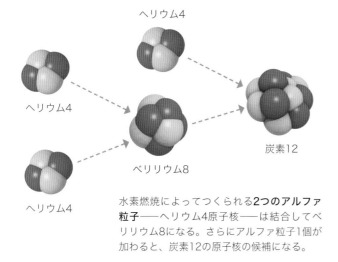

水素燃焼によってつくられる**2つのアルファ粒子**——ヘリウム4原子核——は結合してベリリウム8になる。さらにアルファ粒子1個が加わると、炭素12の原子核の候補になる。

星の中心核にある水素の大部分を使い果たす——太陽の内部でも数十億年後にはそうなる——と、新しい反応が始まります。これは、トリプルアルファ反応というもので、ヘリウム4の原子核が結合して炭素12（陽子数6、中性子数6）がつくられます。この反応をトリプルアルファというのは、むき出しのヘリウム4（陽子数2、中性子数2）の原子核がアルファ粒子と同じものであり（アルファ粒子については58ページ参照）、炭素12をつくるには、このヘリウムの原子核が3つ必要だからです。炭素12にアルファ粒子がさらに結合していくと、別のもっと重い核種ができます。こうした核種はいずれも、原子番号が2の倍数に、質量数は4の倍数になります。

たとえば、酸素16（陽子数8、中性子数8すなわち4α）、ネオン20（陽子数10、中性子数10すなわち5α）、マグネシウム24（陽子数12、中性子数12すなわち6α）などです。こうした核種がつくられるのは、それにいたる反応を中心核で起こさせるほど熱と圧力が十分に高くなる、質量の大きい星に限られます。

こうしたアルファ過程がくり返され、次々とより重い核種がつくられていきます。その間にも、別の過程によって、もっと別の新しい核種もつくられます。これは、自由中性子が星の内部で飛び回ることによって生じます。自由中性子が原子核にぶつかると、高い確率でくっつき、同じ元素の核種をつくります（陽子の数は変わりませんが、質量数が1つ増えます）。たとえば、酸素16（陽子数8、中性子数8）は酸素17（陽子数8、中性子数9）になります。ときには、不安定な核種ができる場合もあります。不安定な核種は、ときにベータ崩壊（59ページ参照）を起こし、原子核の中の中性子が崩壊して陽子になって、電子を放出します。そうなった場合、陽子が1つ増えます。たとえば、酸素17（陽子数8、中性子数9）はフッ素17（陽子数9、中性子数8）になります。星の内部にある自由中性子の数は多くはありませんから、この過程はゆっくりと進みます。これはs過程と呼ばれます。このsは"slow（ゆっくり）"から取ったものです。s過程は、星の一生の中で、最期の数万年間に起こります。

s過程

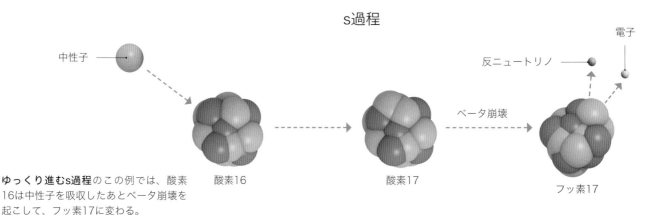

ゆっくり進むs過程のこの例では、酸素16は中性子を吸収したあとベータ崩壊を起こして、フッ素17に変わる。

アルファ過程

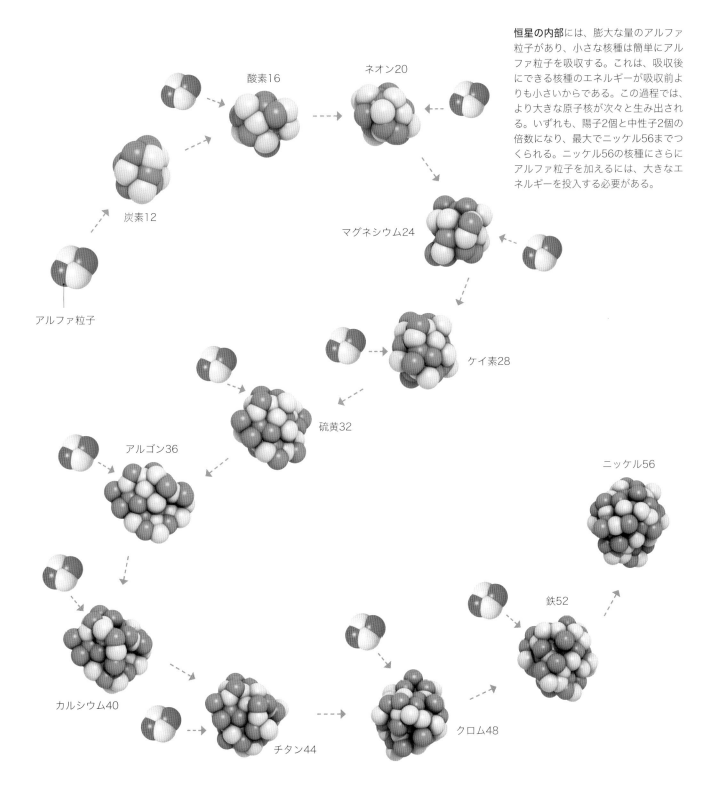

恒星の内部には、膨大な量のアルファ粒子があり、小さな核種は簡単にアルファ粒子を吸収する。これは、吸収後にできる核種のエネルギーが吸収前よりも小さいからである。この過程では、より大きな原子核が次々と生み出される。いずれも、陽子2個と中性子2個の倍数になり、最大でニッケル56までつくられる。ニッケル56の核種にさらにアルファ粒子を加えるには、大きなエネルギーを投入する必要がある。

アルファ粒子

炭素12

酸素16

ネオン20

マグネシウム24

ケイ素28

硫黄32

アルゴン36

ニッケル56

カルシウム40

チタン44

クロム48

鉄52

超新星になる

s過程と並行してアルファ過程も進行し、ニッケル56をつくる段階まで進みます。ニッケル56は、それまでのもっと軽い元素とは異なり、放出するエネルギーよりも生成に必要なエネルギーのほうが大きくなります。この段階で星は燃料を使い果たして、重力崩壊を迎え、劇的な大爆発を起こして超新星となり、ばらばらに飛び散ります。超新星爆発が起きている間にも、s過程のはるかに高速のバージョン——ひじょうに高速（rapid）なのでr過程と呼ばれる——によってもっと別の元素がつくられます。超新星爆発によって大量の自由中性子が発生し、一部は即座に単一の原子核に捕獲されます。この結果できた、中性子が多くて重い原子核は、次々とベータ崩壊をくり返して、大量のまったく新しい元素を形成します。

ベリリウムとホウ素の2つの元素は、上記のいずれの過程でもつくられませんが、とくに希少な元素というわけではありません。ベリリウム8（陽子数4、中性子数4）は、原子核が2個のアルファ粒子が固く結合したものと同じなので、アルファ過程でつくられそうに思えます。しかし、ベリリウム8は不安定で、半減期が0コンマ数秒しかありません。それに対して、ベリリウム9は安定しています。ベリリウム9は、安定した核種のホウ素11やホウ素10とともに、「宇宙線による核破砕」という壮大な名前の過程によってつくられます。宇宙線は——ほとんどが陽子とアルファ粒子と電子で構成される——高速の粒子です。こうした粒子が、超新星爆発の最中やそのあと、あるいは星の一生のうちに、もっと重い原子核にぶつかると、不安定になり、核分裂を起こして（160ページ参照）、もっと小さくて軽い原子核をつくります。このようにしてベリリウム9などのほか、リチウム7の一部もつくられます。

超新星爆発は、元素誕生の物語の中で、もう1つの重要な役目を果たします。この爆発によって、新旧すべての核種が、はるかな宇宙まで飛び散ります。そこから、新世代の星が形成されます。この新しい星のまわりには、死んだ星のそれまでの生涯と最期の灼熱の瞬間につくられた元素の塵とガスの円盤が回転しています。多くの場合、この円盤は合体して固まり、惑星になります。原始惑星系円盤は、今一度原子ができるほどに冷えています。原子核の候補は、電子がそのまわりの軌道におさまることによって、原子核になります。電子がすべての軌道を埋めます。そして、電子が軌道を埋めるこのパターンを理解し、表すには、元素を並べて表にするのが一番よい方法です。それが周期表です。周期表にすると、特定のグループの元素が同じような化学的・物理的特性を持つ理由も説明することができます。

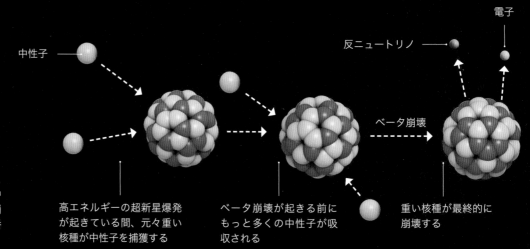

電子

反ニュートリノ

中性子

ベータ崩壊

r過程

高速で進行するr過程では、元々大きな核種がさらに中性子を吸収して、ベータ崩壊を起こし、もっと原子番号の高い元素をつくる。

高エネルギーの超新星爆発が起きている間、元々重い核種が中性子を捕獲する

ベータ崩壊が起きる前にもっと多くの中性子が吸収される

重い核種が最終的に崩壊する

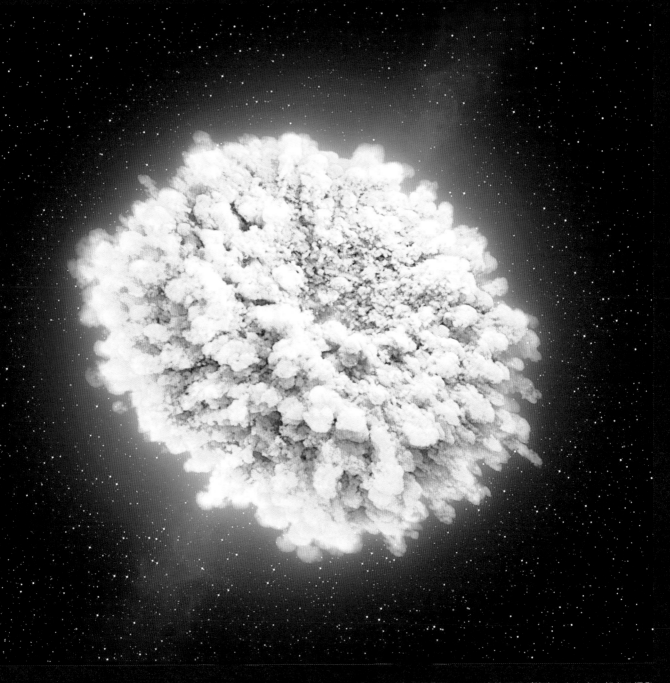

「キロノバ」の想像図。2つの中性子星が衝突したときに起きる爆発。天体物理学者は、金やプラチナなどのもっとも重い多くの元素がこうした衝突によってつくられることを解明している。中性子星は、質量の大きな星が超新星になって、新しくつくられた元素を宇宙に吹き飛ばしたあとに残るものである。

周期表

　周期表は、化学の教室には必ず貼られていて、アメリカの地図や世界的ブランドのロゴと同じように、象徴的で、一目見ればそれとわかります。にもかかわらず、周期表を理解し、そのわかりやすさや固有の美しさを実感しているのは、ごく一部の人にすぎません。周期表は、軌道上の電子の量子物理学と、日常的に経験する元素の化学特性との関連を整然と表現しているのです。

電子を加える

　周期表のそれぞれの横列（周期）は、その列に並ぶ元素の原子の外殻を電子がどのように埋めているかを示しています。電子殻は、個々のエネルギー準位（s・p・d・fの軌道、82〜85ページ参照）のすべての軌道の集合体です。表の一番上の列に並んでいるのは、最初の電子殻にのみ電子を持っている元素——つまり、最初のエネルギー準位の電子だけを持っている元素です。エネルギー量が一番小さい最初のエネルギー準位は、可能な軌道が1つ（1s軌道）しかありません。そして、1つの軌道には最大2個の電子しか存在できませんから、第1周期に属するのは、水素とヘリウムの2つの元素だけです。水素は電子を1個、ヘリウムは2個持っています。このことが、こうした元素の化学特性とどう関わってくるのでしょうか。

標準的な周期表。横の列を周期といい、縦の行は族という。それぞれ同じ族の元素は、最外殻に同じ数の電子を持っているので、特性が似ている。

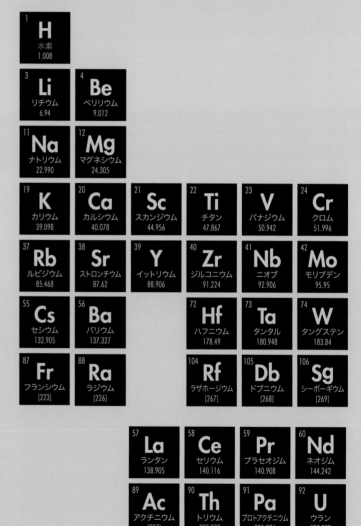

元素記号

原子番号

2
He
ヘリウム
4.003

元素名

相対原子質量

周期表のそれぞれのマス目には、元素名と元素記号、原子番号（原子核に含まれる陽子の数）、相対原子質量が示されている。相対原子質量は原子量とも呼ばれ、原子質量単位（ダルトン：40ページ参照）で、原子1個当たりの質量が示されている。同じ元素でも、同位体は中性子の数が異なるので、質量も違ってくる。そのため、各元素の原子すべての質量を平均した数字となっている。

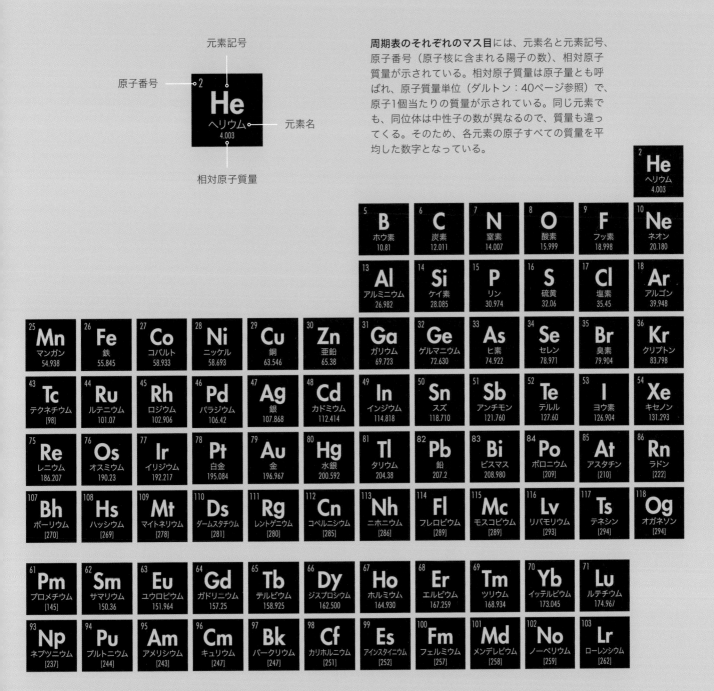

カリウムは周期表の1族に属するので、最外殻に電子を1個しか持っていない。そのため、カリウムはきわめて反応性が高く、水を1滴かけただけで、爆発的に反応する。

　化学反応は、原子核とはまったく関係がなく、すべてが電子と関係しています。化学反応では、原子の間で電子を交換したり、共有したりします。この点は、第4章でもっとくわしく見ていきます。ほとんどの化学反応では、原子の外殻が電子で埋まります。外殻が電子で埋まっている原子は安定していて、低エネルギー状態です。原子の電子殻が埋まっている元素は非反応性ですが、そうではない元素の原子は、化学反応によって電子を得たり、失ったりして、電子殻が埋まった状態にします。外殻を埋めるために電子を容易に失う（陽イオンになりやすい）元素が金属で、電子を容易に得る元素が非金属です。

　周期表右端の列で縦に並んでいるのは、どれもみな原子の外殻の定員が埋まっている元素です。その結果、こうした元素は化学的に安定しています。満員の電子殻に電子を加えたり、逆に電子を取ったりするには、大量のエネルギーが必要になるからです。こうした元素は、化学反応には加わり

ません。周期表の縦の列を族といいます。右端の非反応性の元素は、第18族です。18族は、「貴ガス」とも呼ばれます。この「貴」は、孤高な性質という意味からつけられています。

　周期表の一番左端——第1族、アルカリ金属——は、原子の外殻に電子がたった1個しかありません。第1族の元素の原子は、外殻を満員の安定した状態にするために、唯一の電子を簡単に失いますが、そうなるともはや原子ではなく、（負電荷を持つ電子を失ったので）陽イオンです。電子をこれほど簡単に失うということは、こうした元素はきわめて反応性が高いことを意味します。たとえば、純粋なカリウム（K）を水に加えると、カリウムの原子は満員の外殻を得るために、外側の電子を水の分子に譲り渡し、このとき発火します。同じように、第2族の元素もひじょうに反応性が高い原子ですが、1族ほどではありません。外殻を満員の状態にするためには、2個の電子を失う必要があるからです。

周期表の1族と2族を合わせて、sブロックといいます（82ページ参照）。原子の外殻では、電子がs軌道にしかないからです。ヘリウムは、2個の電子がどちらもs軌道にありますから、sブロックに入れてもよさそうです。しかし、周期表では、原子の電子殻が満員の状態であることがもっと重要なので、ヘリウムは貴ガスとともに18族に分類されます。同じように、アルカリ金属とともに1族に分類されている水素も、周期表の中ではやや場違いなところにいます。水素は、電子が1個しかないため、その1個の電子を容易に失うのと同様に、電子をもう1個受け取って電子殻をいっぱいにすることも容易にできるのです。結果的に、水素は、ヘリウムの隣の右から2番目の族に入れてもいいはずです。ですから、周期表の第1周期は、周期表のほかの部分の傾向と比べると、やや例外的です。

第1殻より外側

第1周期のあと、周期表の幅が広くなるのは、エネルギー準位が高くなるほど利用できる軌道が多くなるということを示しています。たとえば、第2殻（第2周期）では、2s軌道に加えて、3つの2p軌道があり、合計で8個の電子を収容できます。だから、第2周期には8つの元素があるのです。第2周期の右端の元素はネオンです。ネオンはすべての軌道に電子がおさまっていますから、内側の1s軌道を加えて、合計10個の電子を持っています。ネオンの原子番号は10ですから、これは当然です。

次の横列の第3周期は、外殻に8つの孔があります。3s軌道に2つと、3つの3p軌道にそれぞれ2つずつあります。第3周期の右端の元素はアルゴン（Ar）で、原子番号はネオンより8多い18（2＋8＋8）です。周期表の中で、最外殻がp軌道になる元素が集まっている部分をpブロックといいます（83ページ参照）。

第4周期になると、さらに新しいタイプの軌道が利用でき

るようになります。それが、d軌道です。d軌道を持つ電子殻は、いずれも5つのd軌道を持っています。だから、第4殻には、合計18の孔があります。4s軌道に2つと、3つの4p軌道に6つと、5つの4d軌道に10です。そのため、周期表の幅がいきなり8から18に変わります。第4周期の右端の元素はクリプトン（Kr）で、原子番号はアルゴンより18多い36です（$1s^2\ 2s^2\ 2p^6\ 3s^2\ 3p^6\ 4s^2\ 4p^6\ 4d^{10}$）。第5周期には同じ数——合計18——の元素があります。右端の貴ガスはキセノン（Xe）であり、原子番号は54で、電子の数はクリプトンより18個多い54です（$1s^2\ 2s^2\ 2p^6\ 3s^2\ 3p^6\ 4s^2\ 4p^6\ 4d^{10}\ 5s^2\ 5p^6\ 5d^{10}$）。周期表の中で、外殻の電子がd軌道になる元素が集まっている部分を、dブロックといいます（84ページ参照）。

第6周期では、また別のタイプの軌道が使えるようになります。f軌道です。f軌道を持つそれぞれの周期には、7つのf軌道があります。そのため、周期表の幅はさらに広くなって、32の元素が入ります（$s^2\ p^6\ d^{10}\ f^{14}$）。周期表の中には、すべての元素を1列に並べたものもあります。しかし、標準的な周期表では、fブロックを分けて、別個に表示します。

fブロックには、2つの周期、第6周期と第7周期が含まれます。自然界に存在していて、とても重く安定した元素であるウランは、第7周期に属します。残りの超ウラン元素はすべて第7周期に属します（ただし、すべてがfブロックに入るわけではありません）。この超ウラン元素はすべて、粒子加速器の中で、別の重い元素に中性子をぶつけたり、重い原子核同士を衝突・合体させたりして、人工的につくられたものです。周期表で第7周期の右端にある貴ガスは、オガネソン（Og）です。オガネソンは、これまで発見されたり、つくられたりした元素の中でもっとも重く、原子番号は118（2＋8＋8＋18＋18＋32＋32）です。これまでにつくられた唯一のオガネソンの同位体、オガネソン294は、半減期が1秒の1000分の1以下です。

sブロック

　周期表の1族と2族は、sブロックを構成しています。sブロックとは、原子の最外殻の電子がs軌道を取る元素の集合です。1族のアルカリ金属には、ナトリウム（Na）、リチウム（Li）、カリウム（K）といったなじみのある元素のほかに、ルビジウム（Rb）、セシウム（Cs）、フランシウム（Fr）といった聞き慣れない元素もあります。こうした金属はいずれも、純粋な形ではきわめて反応性が高く、最外殻のただ1個の電子を失いやすく、陽イオン——Na^+やCs^+など——になります。そのため、こうした金属は自然界では決して純粋な状態では存在せず、塩化物イオン（Cl^-）などの陰イオンと結合しています。2族のアルカリ土類金属にも、マグネシウム（Mg）やカルシウム（Ca）のようななじみのある元素が含まれていますが、それ以外のベリリウム（Be）、ストロンチウム（Sr）、バリウム（Ba）、ラジウム（Ra）などは聞き慣れない元素です。こうした元素の原子も、容易に陽イオンになりますが、この場合、外殻を埋めるには2個の電子を失う必要があります。たとえば、Ba^{2+}やCa^{2+}です。やはり、こうした元素も反応性が高く、自然界では、陰イオンと結合した化合物としてのみ存在しています。ここで注意してほしいのは、ヘリウム（He）は1族にも2族にも属していないにもかかわらず、sブロックに含まれることです。これは、ヘリウムが持つ2個の電子がs軌道にあるからです。

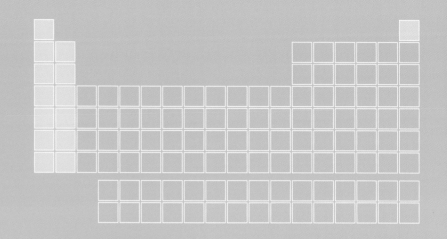

ベリリウムは2族に属するアルカリ土類金属である。ベリリウムは、純金属の状態では硬く、光沢があるが、最外殻の2つの電子を失ったり、共有したりすることによって、化合物になりやすい。ほとんどのベリリウムの原子核は、宇宙線による核破砕によってつくられる。

ストロンチウムも硬くて光沢があるが、アルカリ土類金属である。ストロンチウムのほとんどの原子核は、小さな星が水素燃料を使い果たした断末魔のときにつくられる。花火に使われるストロンチウムの化合物は真っ赤な光を放つ。

pブロック

　pブロックは、13族から18族までの多様な元素で構成されています。ここには、アルミニウム（Al）やスズ（Sn）、鉛（Pb）のような金属、ケイ素（Si）やゲルマニウム（Ge）のような半金属、炭素（C）や酸素（O）、硫黄（S）のような非金属、18族の貴ガスが含まれています。ヘリウムは、p軌道を持っていないので、実際にはpブロックではありませんが、外殻が満員の状態なので、18族に置かれています。pブロックの元素がさまざまな化学的挙動をするのは、外殻をいっぱいにするために電子を失ったり、得たりすることと関係しています。たとえば、13族のアルミニウムは最外殻の3つの電子（$s^2 p^1$）を失って、3価のイオン（Al^{3+}）になりますが、これは標準的な金属的挙動です。17族の塩素は、容易に電子を得て、陰イオン（Cl^-）になりますが、これは標準的な非金属的性質です。

　この対照的な元素の中間にある酸素（16族）は、外殻をいっぱいにするために2価のイオンのO^{2-}になることができますが、ほかの原子と電子を共有して結合し、同じ効果を上げることもあります（第4章で解説します）。pブロックの代表的なものが、ホウ素（B）やケイ素などの半金属です。こうした元素はイオンになることは珍しく、ほとんどの場合、電子を共有して結合します。炭素は、とくに地球上の生物の基本ですから、特別なケースです。この特別なケースについても、第4章でくわしく見ていくことにします。

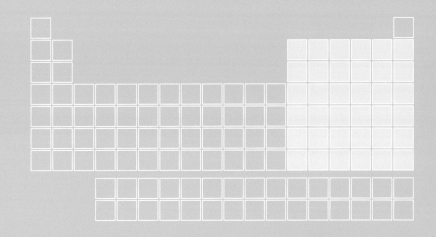

13族の**ホウ素**は半金属に分類される。金属のように光沢はあるが、もろく、あまり電気を通さない。「本当の」金属は展性や延性があって成型でき、電気伝導度も高い。

ケイ素はホウ素と同じ半金属である。同時に、導体と不導体の中間の電気伝導度を持つ典型的半導体である。そのため、現代のエレクトロニクス産業で重要な役割を果たしている。

アルミニウムは周期表ではホウ素の真下になるが、「本当の」金属である。最外殻の電子は原子核から遠く離れているので、原子から「離脱」しやすい。そのため、アルミニウムの原子は金属結合（107ページ参照）ができる。

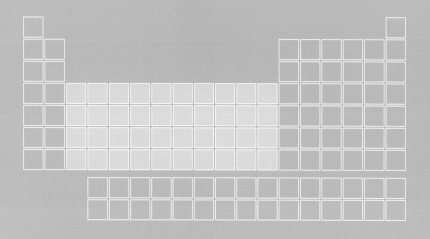

dブロック

　最外殻の電子がd軌道を取るdブロックの元素は、すべて金属です。このブロックの元素は、遷移金属と総称されます。鉄（Fe）や銅（Cu）、金（Au）、銀（Ag）といった聞き慣れた金属のほかに、ニオブ（Nb）やオスミウム（Os）、ルテニウム（Ru）といった聞き慣れない金属が含まれます。sブロックの金属はたやすく電子を失って陽イオンになりますが、dブロックの金属はそんなに単純ではありません。遷移金属の原子が外殻に持つ電子の数は、3個（$s^2 d^1$）から12個（$s^2 d^{10}$）までの間なら何個でも可能ですし、外殻を埋める場合にも（あるいは電子を共有する場合にも）さまざまな方法が可能です。もっと一般的な金属の定義を見てみましょう。金属元素は硬いけれども、展性があり（たたいて成型でき）、延性があります（針金のように伸ばせます）。こうした金属の特性は、金属原子の間の結合によるものです。これについては第4章でもっとくわしく解説します。

ルテニウムの最外殻の電子は$5s^2$と$4d^6$になる。異なるエネルギー準位が混在しているのが遷移金属の特徴だが、これは、あるエネルギー準位のd軌道が、その上のエネルギー準位のs軌道（ここでは5）より大きなエネルギーを持っているため、このs軌道のほうが先に埋まるからである。

オスミウムはあらゆる元素の中でもっとも密度が高い。家庭用洗濯機くらいの大きさのかたまりで、およそ20トンの質量になる。オスミウムの原子核のほとんどは、中性子が衝突してつくられる。

ニオブは柔らかいが、ほかの金属と結合して、航空宇宙分野で使われるきわめて硬い耐熱合金をつくる。アポロ計画の月着陸で使われた機械船のロケット・ノズルはニオブ合金でつくられていた。

fブロック

　通常は、周期表の下の欄外に、fブロックの元素を2列に並べた別表があります。この2列は、それぞれ最外殻の電子がf軌道を取る第6周期と第7周期の元素です。こうした元素はいずれも金属ですが、その定義と分類には不確かな部分があります。寿命が短くて化学特性をくわしく調べられない、もっとも重い部類の元素が含まれているからです。fブロックの上の列は、最初の元素がランタン（La）であることから、ランタノイドと呼ばれます。ランタノイドはすべてが「希土類金属（レアアースメタル）」であり、その大部分が現代のエレクトロニクス産業で利用され、また強力な磁石をつくるために使われます。2列目は、最初の元素がアクチニウム（Ac）であることから、アクチノイドと呼ばれます。ウラン（U）より原子番号が大きい元素は、あまりにも不安定で、自然界ではほとんど存在できませんが、ネプツニウム（Np）やプルトニウム（Pu）、アメリシウム（Am）、キュリウム（Cm）は、原子炉や粒子加速器でつくられた場合には安定していて、利用されています。しかし、それより原子番号の大きい元素はひじょうに寿命が短く、科学研究以外にはまったく用途がありません。もっとも重い元素のアクチノイドの中でもっとも安定した同位体のローレンシウム（Lr）でも、半減期がわずか10時間です。

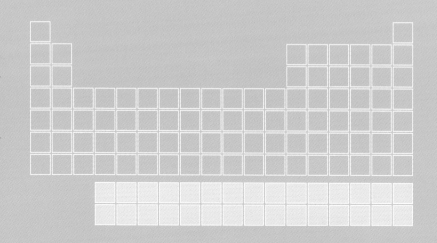

サマリウムはかなり硬く光沢のある金属で、周期表ではfブロックの列にあるランタノイドの1つである。ほかの一部のランタノイドと同じように、おもに強力な磁石をつくるために利用される。

ホルミウムの最外殻の電子は$4f^{11}6s^2$である。遷移金属に関しては（左ページのルテニウムを参照）異なるエネルギー準位が混在しているのは、すべてのランタノイドと共通しているが、これは1つのエネルギー準位のf軌道が、その上のエネルギー準位（ここでは5）のs軌道よりも大きなエネルギーを持っていて、このs軌道のほうが先に埋まるためである。

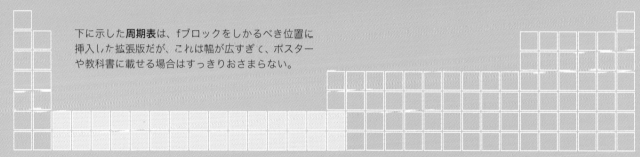

下に示した**周期表**は、fブロックをしかるべき位置に挿入した拡張版だが、これは幅が広すぎ、ポスターや教科書に載せる場合はすっきりおさまらない。

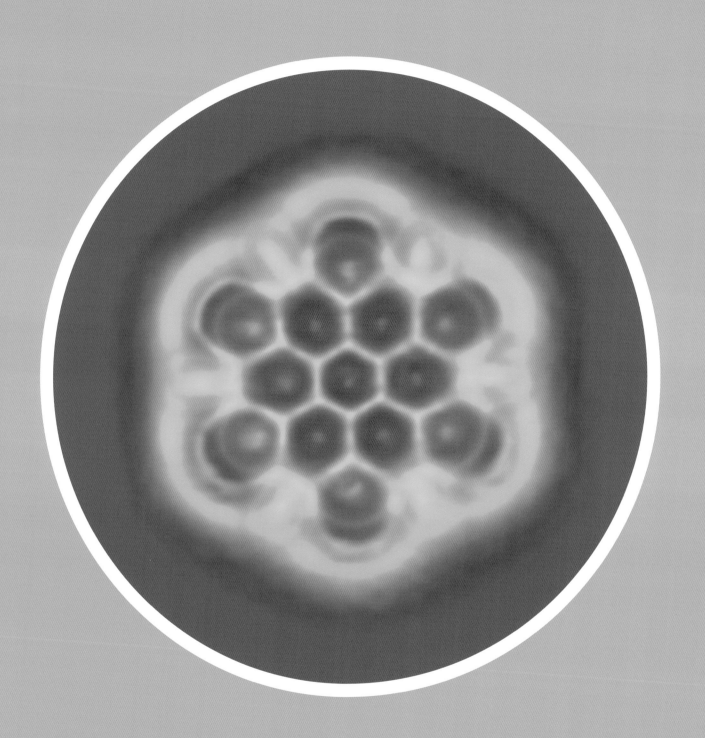

第4章

原子の結合

原子論は機械論的世界観の発展に役立っています。機械論的世界観とは、日常的スケールでなじみのある物質の性質を、想像もできないほど多くの、想像もできないほど小さな粒子の振る舞いとして説明できる、とする考え方です。こうした粒子は絶えず動いていて、結合したり、分離したりできます。機械論では、そもそも原子を中身の詰まった固いボールのようなものと考えていましたが、当時でもそれでうまくいきました。しかし、現代になって原子の内部構造がわかってきたことによって、機械論的世界観はいっそう強化され、大いに発展しています。

原子間力顕微鏡法（126ページ参照）でつくった化合物、ヘキサベンゾコロネンの分子の着色像。この分子は42個の炭素原子と18個の水素原子の共有結合でできている。

粒子としての物質

物質が粒子でできているという考えを裏づけるもっとも基本的で説得力のある証拠の1つは、固体と液体と気体が存在し、とくに、物質がそうした相の間で変化することを説明できることです。固体や液体や気体の状態の物質をつくっている粒子は、原子や分子やイオンです。

固体──定位置から動かない粒子

固体が硬いのは、その粒子が結合しているからです。粒子の間の結合によって、粒子は定位置にとどまっています。この結合状態を、いろいろな強さのゴムバンドと考えてみてください。ゴムバンドによって、厚みや弾力が違います。粒子は定位置にありますが、動いています。あらゆる方向に、

絶えず振動しています。粒子が分子だったら、その分子を構成している原子同士も結合しています。原子間では、この結合が伸びたり縮んだりすることができます。

こうした原子間結合の性質を理解するために、分子同士をつないでいるゴムバンドのほかに、その構成要素である原子同士をつないでいるもっと小さな（でも通常はもっと強い）ゴムバンドを想像してみましょう。つまり、たとえば、氷の水分子は、全体としてランダムに振動していますが、その構成要素である原子（水素2個と酸素1個）もそれぞれの分子の中で振動して、互いに近づいたり、遠ざかったりしています。原子スケールでは、いろいろな動きが進行しています。

結晶構造

セレナイトの結晶構造の模型。カル
シウムイオン（電荷を持つカルシウ
ム原子）は大きなグレーの球体。硫
黄が黄色、酸素が赤。水分子の水素
原子は、小さな薄いグレーの球体。

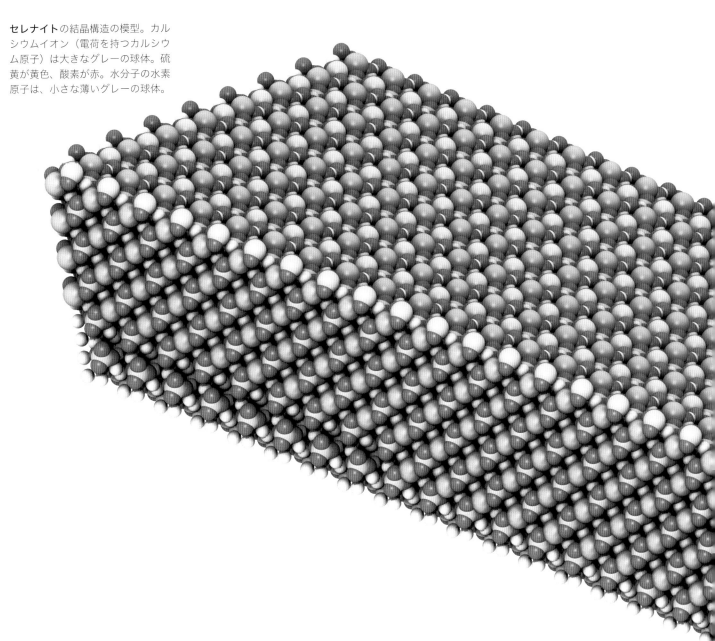

多くの元素は結晶になっていて、その形は、規則的で同じ配列をくり返す微小な粒子からで
きていると考えることでしか、説明がつかない。セレナイト（透明石こう、$CaSO_4 \cdot 2H_2O$）
という鉱物の途方もない結晶は、メキシコのチワワのナイカ鉱山にあるクリスタル洞窟で見
られる（左ページの写真）。長さ12メートル、重量約50トンのこうした結晶は、これまでに
見つかった天然結晶の中では最大級のものである。この巨大な物体がたった4つのタイプの
原子でできていること——そして、ひじょうに小さな粒子の秩序配列がエレガントで整った
形を生み出していることは、驚嘆に値する。

動いている物体はどんなものでも、エネルギーを持っています。この「運動エネルギー」の量は、物体の質量と動く速さで決まります。固体の1つひとつの粒子は、ひじょうに小さいので、ごく小さな運動エネルギーしか持っていません。しかし、そこに含まれる粒子の数はひじょうに多いので、固体が持つ「内部エネルギー」の総量はかなり大きなものになります。この内部エネルギーは、その固体の温度と関係します。というより、むしろあらゆる物質——固体、液体、気体のすべて——の温度は、粒子1個当たりの運動エネルギーの平均によって決まります。その内部エネルギーを増やすことによって物質の温度を上げると、その物質を構成する粒子の平均速度を上げることになります。つまり、温度が高いほど、固体の粒子は激しく振動することになります。

個体の内部エネルギー——温度——を上げるには、いろいろな方法があります。たとえば、固体をオーブンに入れてもかまいません。その場合、固体を包む熱い空気の粒子は高速で飛び回ります。つまり、大量の運動エネルギーを持っています。空気の粒子が固体の表面にぶつかると、その運動エネルギーの一部が固体の表面の粒子に伝わります。これが、ドミノ効果です。こうした表面の粒子はより激しく振動するようになり、表面のすぐ下の隣り合う粒子に、余分な運動エネルギーの一部を伝えます。しだいに、余分な運動エネルギーは固体全体に行き渡ります。物質内で熱が伝わっていく伝導という現象を原子スケールで説明すると、このようになります。

熱分解

分子でできている多くの固体は、融解しないで、分解する。つまり、加熱されると、化合物をつくっている原子の間の結合が切断される。

そのよい例が、ここに挙げた写真の酸化水銀（Ⅱ）である。この化合物は、水銀イオン（Hg^{2+}）と酸素イオン（O^{2-}）が規則的な結晶構造になったオレンジ色の固体である。この酸化水銀（Ⅱ）を500℃に熱すると、イオンの運動エネルギーが引き上げられ、イオンはばらばらになる。その結果、純粋な水銀蒸気と、試験管の内側に凝固した光沢のある金属と、目に見えない純粋な酸素ガスになる。ほかの多くの化合物も、このように分解し、液体にはならない。しかし、すべての純元素は、固体と液体と気体のいずれにもなる。

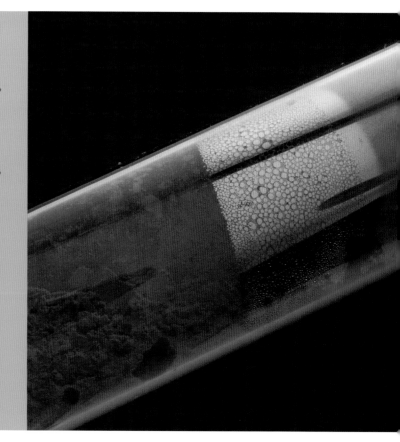

ガリウム元素は、30℃になると、固体結晶として原子をつなぎとめている結合から解き放たれ、液体になる。つまり、ガリウムは温かい手で持っていると、ゆっくりと溶けていく。

オーブンから固体を出して冷たい空気の中に置くと、その逆の現象が起きます。まわりの空気の粒子よりも大きな運動エネルギーによって激しく振動していた固体の表面の粒子は、そのエネルギーの一部を空気の分子に伝えます。もっとエネルギーの大きい固体の内部の粒子は、今度はエネルギーの一部を表面の粒子に伝えます。これが続いて、固体はエネルギーを空気の分子に奪われていきます。そして、固体の温度はしだいに下がっていき、やがて周囲の空気と同じ温度になります。

多くの場合（すべてではないので、左ページの囲みを参照のこと）、固体の温度を融点まで上げると、固体は液体になります。液体の粒子は、互いの束縛から逃れられるくらい大きな運動エネルギーを持っています。いわば、ゴムバンドが限界点まで引き伸ばされているわけです。

液体──動き回る粒子

固体が溶けても──つまり粒子の間の強い結合が切れても──まだ粒子を引き留める引力がはたらいています（そうでなければ、粒子は互いに完全に分離して散り散りになってしまいます）。とはいえ、粒子はもう定位置にはいません。粒子は互いのまわりを動き回ることができます。だから、液体は流れることができるうえ、容器の形に合わせてどんな形にでもなれるのです。

固体と同じように、液体の温度も粒子の運動エネルギーの平均と関係しています。液体の一部の粒子は、平均よりも遅い速度で運動しています。別の粒子は平均より速い速度で運動しています。液体の表面では、平均より速い速度で動いている粒子の一部が、そこから抜け出すのに十分な運動エネルギーを得ます。こうしたエネルギーの大きい粒子は、液体

から離れて、空気の一部になります。わたしたちが蒸発と呼んでいる現象を原子スケールで説明すると、こうなります。しかし、平均より高いエネルギーを持つ粒子しか表面から抜け出せないので、あとに残った粒子の平均の運動エネルギーは低下します。つまり、液体の温度は下がります。この作用を「気化冷却」といいます。だから、たとえば、人の体は体温を下げるために汗をかくのです。汗から水分が蒸発して、皮膚の温度を下げます。液体が蒸発する速さは、液体の温度と、液体のまわりにある空気の圧力によって変わります。汗をかく場合、空気中にすでにどれだけの水分があるか、ということも関わってきます。気圧を下げたり、体温を上げたり、湿度を下げたりすれば、蒸発の速度は速くなります。

温度が一定以上になった場合（粒子が熱分解を起こさない場合、90ページ参照）、あるいは気圧が一定以下になった場合、液体のすべての粒子は互いに自由になれるだけのエネルギーを得ます。液体は沸騰した時点で、気体になります。元素は分解できないので、すべての元素は気体になることができます。標準大気圧では、溶鉄は862℃で沸騰し、液体窒素は−252.879℃の低温で沸騰します。

気体——飛び回る粒子

気体の粒子は、個々の原子であれ、分子であれ、イオンであれ、高速で飛び回っています。気体の粒子は、互いにぶつかり合い、ほかの物体の表面ともぶつかります。粒子は、ほかの物体の表面にぶつかるとき、そこに圧力をかけます。風船がふくらんだままになっているのが、その一例です。圧力のかかった瓶の中の炭酸飲料の泡立ちも、タイヤをふくらませている空気圧も、花火を空に打ち上げるのも、高速で動く微小な粒子の無数の衝突によるものです。粒子のエネルギーが大きいほど、粒子が動く（平均）速度は速くなります。そのために、気体の温度を上げると、圧力が大きくなるのです。花火が生じさせる高温の気体が高速で膨張し、花火を上に向かって加速させるのも、それで理由が説明できます。

質量とエネルギー

ヘリウム原子
質量4ダルトン

酸素分子
質量32ダルトン

4つの元素は大気中に気体として存在している。水素とヘリウムは、宇宙でもっとも豊富に存在する元素だが、大気中ではきわめて希薄である。というのは、運動エネルギーが同じ場合、この2つの元素はひじょうに軽いため、地球の大気圏から脱出できるほどの速さになるからだ。

水素分子
質量2ダルトン

窒素分子
質量28ダルトン

わたしたちにとってもっとも身近な気体である空気は、ほとんどが窒素と酸素でできています。どちらの元素も、通常はそれぞれ同じ原子でできた二原子分子の形——N_2とO_2——で存在しています。室温では、酸素分子と窒素分子は、時速約1400キロメートルで飛び回っています。室温の空気の中では、水素分子（H_2）やヘリウム原子（He）も、酸素分子や窒素分子と同じ平均エネルギーを持っています。気体の粒子は、互いにぶつかるとつねにエネルギーを交換するからです。しかし、ヘリウム原子や水素分子は、酸素分子や窒素分子よりもずっと質量が小さいので、同じエネルギー量にするために、平均速度はずっと速くなります。空気中の水素分子やヘリウム原子は、酸素分子や窒素分子の平均と比べて、5倍の速さ——地球の大気圏を脱出するのに十分な速さ——で動き回ります。事実、地球の大気は、年間9万5000トンの水素と、1600トンのヘリウムを失っています。

空気のもう1つの重要な構成要素は、水蒸気です。温度と圧力の状態さえよければ、水蒸気は凝結して微小な水滴に変わり、霧になります。霧はエアロゾルの一例であり、コロイドと呼ばれる物質の1つに分類されます。

ロケット花火は、膨張した排ガスが下から吹き出すことによって高速で加速する。ガスが膨張するのは、高温になった分子が高速で運動し、分子同士でぶつかったり、ロケットの内壁にぶつかったりして、はね返るからである。

コロイド──2つの顔

　わたしたちにとってなじみのある物質のほとんどは、混合物です。たとえば、溶液は、ある物質のもっとも小さな粒子が別の物質のもっとも小さな粒子と完全に、かつ均等に混ぜ合わされたものです。塩水は、ナトリウムイオンと塩化物イオンが水分子の間に均等に分散した溶液です。意外なことかもしれませんが、鋼鉄もいわば一種の溶液です。固溶体という溶液の固体版です。鋼鉄は、大部分が鉄原子でできていますが、ほかの元素もいくつか、単一の原子として分散しています。複数の気体の混合物もすべて、一種の溶液と考えることができます。というのは、気体が混じり合うとき、気体の粒子が自然に分散するからです。とはいえ、すべての混合物が溶液というわけではありません。混合物の多くは、コロイドです。

　コロイドでも、溶液と同じように、特定の物質の粒子が、別の液体・気体・固体などの中で均一に分散しています。しかし、分散している粒子は、個々の原子でもイオンでもなく、個々の分子でさえありません。それは微小な液滴であり、微小な固体粒子であり、微小なひとまとまりの気体です。その1つひとつはとてもちっぽけですが、それでも何億、何兆もの原子でできています。たとえば、マヨネーズは、エマルションと呼ばれるコロイドの一種です。マヨネーズは、油の微小な液滴がほかの液体（酢）の中に分散したものです。煙は、エアロゾルと呼ばれるコロイドの一種で、微小な固体粒子が気体（空気）の中に均等に分散しています。蒸気や霧は液体のエアロゾルです。微小な水滴が気体（空気）の中に均等に分散しています。ゼラチンなどのゲル化剤は、水を加え

ると、ゲルというコロイドの一種になります。この場合、微小な水滴がゼラチンのソリッド構造の間に均等に分散しています。エアロゲルというまた別のタイプのコロイドも、ゲルと似ていますが、この場合は水ではなく、空気やほかの気体がソリッド構造の中にとらえられています。

　固体も気体も──コロイドであってもなくても──物体を構成している粒子同士は結合しています。イオンでできている固体の場合、イオン結合という電気的引力によってイオン同士がつなぎとめられています。物質の粒子が分子だったら、分子の原子同士を結びつけている別のタイプの結合力が作用しています。こうしたタイプの原子間結合は、原子の最外殻の電子と関わっています。

写真のエアロゲルは、空気（気体）が固体（この場合は二酸化ケイ素）と混合したコロイドの一種である。エアロゲルはきわめて軽量で、断熱性がひじょうに高い。エアロゾルのほかの例としては、メレンゲ（固体フォーム）やマヨネーズ（エマルション）、蒸気（エアロゾル）、ゼラチン（ゲル）、煙（固体エアロゾル）がある。

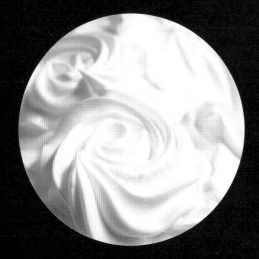

メレンゲ

マヨネーズ

蒸気

ゼラチン

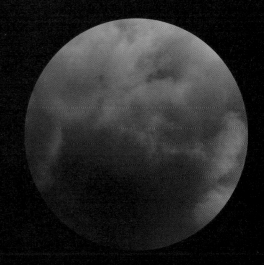

煙

粒子としての物質

原子と原子の結合

原子が結合できるということは、なんとすばらしいことでしょうか。もし原子が結合できなかったら、宇宙のいたるところに広がる個々の原子は、互いにぶつかってはね返るだけで、いつまでたっても単体の原子のままです。化合物はまったく存在せず、生命も誕生しません。原子核は原子間の結合や分離には関与しません。結合に貢献しているのは、電子——なかでも、とくに最外殻の電子——です。

原子の一番外側の電子殻は、原子価殻とも呼ばれます。アルゴンやクリプトンのような貴ガス（80ページ参照）の場合、原子価殻の定員は完全に埋まっています。利用できる原子価軌道のそれぞれに2個の電子が収容されています。原子価殻が埋まっているのは、原子にとって安定した「望ましい」状態です。電子を取り除いたり、加えたりするのは、かなりのエネルギーを必要とするからです。このように安定しているために、貴ガスはほかの原子と結合しません。原子価殻が完全に埋まっていないほかの原子は、電子を交換したり、共有したりすること——原子間結合の基本となる2つのオプション——によって、原子価殻を定員いっぱいの状態にすることができます。

イオン結晶

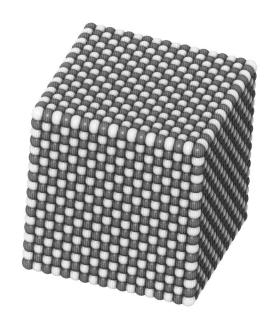

フッ化リチウムの固体試料の中では、何兆個ものイオンが、相互の電気的引力によって結合している。フッ化リチウムは、イオンが「立方格子」を形づくるので、立方晶系結晶になる。炭酸カルシウムでは、イオンが六角形に並ぶ。

カルシウムイオンと炭酸イオン

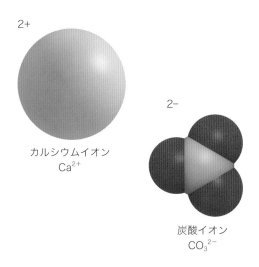

2+

カルシウムイオン
Ca^{2+}

2−

炭酸イオン
CO_3^{2-}

周期表の2族に属する**カルシウム**は、最外殻の2個の電子を容易に失い、2＋の電荷を持つカルシウムイオンとなる。炭素原子と3つの酸素原子が結合して、全体の電荷が2−の小さなグループをつくる。

イオン結合

　原子が原子価殻をいっぱいにするもっとも簡単な方法は、1個ないし複数の電子をほかの原子に提供するか、ほかの原子から提供される1個ないし複数の電子を受け取ることです。だから、たとえば、リチウム $(1s^2\ 2s^1)$ はその原子価殻にただ1個持っている電子を容易に失います。すると、リチウムイオン $Li^+\ (1s^2)$ になります。そして、もし近くにフッ素 $(1s^2\ 2s^2\ 2p^5)$ があれば、その電子を受け取ることによって原子価殻をいっぱいにすることができ、その過程でフッ素はイオン $F^-\ (1s^2\ 2s^2\ 2p^6)$ になります。すると、反対の電荷を持つ2つのイオンができあがります。この2つは強い力で引きつけ合って、くっつきます。その結果、フッ化リチウム (LiF) という、室温では固体の化合物ができます。

　単独の原子の間のイオン結合は、もっぱら金属と非金属の間で起きます。ナトリウム (Na、金属) と塩素 (Cl、非金属) はそのもっとも有名な例です。この2つの元素のイオン (Na^+ と Cl^-) は塩化ナトリウム (NaCl) という化合物、つまり食塩をつくります。しかし、イオン結合しているイオンは「多原子」になることもできます。つまり、2個以上の原子で構成される場合もあります。たとえば、下のイラストの炭酸カルシウム ($CaCO_3$) は、Ca^{2+} と CO_3^{2-} という2つのイオンからできたイオン化合物です (96ページ参照)。

炭酸カルシウムの結晶構造

炭酸カルシウムは、地殻に存在するもっともありふれた鉱物。結晶構造がわずかに違う2種類の炭酸カルシウムが石灰石を形成する。

共有結合

　原子が原子価殻をいっぱいの状態にして結合するもう1つの方法が、電子の共有です。この場合、2つの原子の軌道は融合して、原子同士をつないで結びつける新たな「分子軌道」ができます。2つの原子が原子価電子を共有するので、このタイプの結合を共有結合といいます。

　もっとも単純な共有結合は、水素分子（H_2）の2つの水素原子間の結合です。これは、2つの原子の1s軌道が重なり合うことによってつくられます。原子軌道が融合することによって、分子軌道ができます。原子軌道とは、電子が見つかる可能性のある領域のことです。この軌道は2個の電子で満員の状態です——どちらの電子も自分たちが1s軌道を満たしているように「感じて」います——から、エネルギーに関していえば、望ましい状態です。この結合は短く、2つの水素の原子核を結ぶ線上に形成されます。2つの原子核を結ぶ直線上に形成されるすべての原子間結合をシグマ結合といいます。原子軌道が融合したり、重なり合ったりすることでできる分子軌道には、ほかのタイプのものもあります。

　つまり、分子とは、共有結合によってつながった複数の原子からできている、自己完結した物体です。1つひとつの水の分子は、共有結合した2個の水素原子と1個の酸素原子からできています。これは、2個の酸素原子と1個の炭素原子が結合した二酸化炭素（CO_2）も同じです。ロウソクのロウは、その1つひとつが約30個の炭素原子と約60個の水素原子のすべてが共有結合した分子でできています。分子の形は、原子間の結合の長さと配置によって決まりますが、結合に関わらないほかの電子の影響も受けます。だから、たとえば水の場合、それぞれの水素原子と酸素原子が（シグマ）結合によって結びついていますが、酸素原子はその原子価殻にほかにも電子を持っています。この電子の存在が結合を押しのけるために、分子が曲がっ

水分子

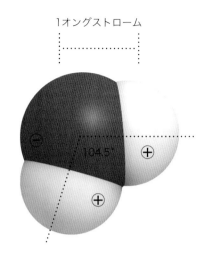

1オングストローム

104.5°

水分子は**共有結合**した2個の水素原子と1個の酸素原子でできている。電子は酸素原子のほうにかたよっているため、酸素原子は部分的に負電荷を持ち、水素原子は部分的に正電荷を持つ。

た形になるのです。

　水分子内に酸素原子の電子が存在することで、また別の結果がもたらされます。この電子によって相対的に、酸素原子のまわりは負電荷を帯びますが、水素原子——その孤立電子が水素原子と酸素原子の結合を担っている——は分子内で相対的に正電荷を帯びることになります。このために水分子は「両極性」を持ち、その結果、水はすぐれた溶解力を持つのです。

　塩（塩化ナトリウム）が水に溶けるとき、どんなことが起きるかを考えてみましょう（100ページのイラスト参照）。塩化ナトリウムは、両極性のある水分子の影響下で、いとも簡単に成分イオンに分解します。正電荷を持つナトリウムイオンは近くにある水分子の酸素原子とくっつき、負電荷を持つ塩化物イオンは水素原子とくっつきます。これと同じことが、多くのイオン性固体や極性分子でできた化合物の場合にも、起きます。こうした物質はどれもみな水によく溶けます。電荷が全体に一様に分布している無極性分子の場合は、水にあまりよく溶けません。油脂がそのよい例です。

分子軌道

分子をつなぐ共有結合は、原子軌道（54ページ参照）が重なることによって成り立つ。可能な配置はいくつかあるが、一番単純で一番強いのが、軌道が真正面から重なるシグマ結合である。パイ軌道とは、2つのp軌道が側面から重なったものである。酸素分子の場合は、酸素原子の一方がシグマ結合し、一方がパイ結合した二重結合になっている。

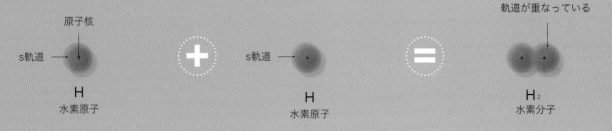

s軌道 → 原子核

H
水素原子

s軌道 →

H
水素原子

シグマ結合：
原子核と原子核の間で
軌道が重なっている

H₂
水素分子

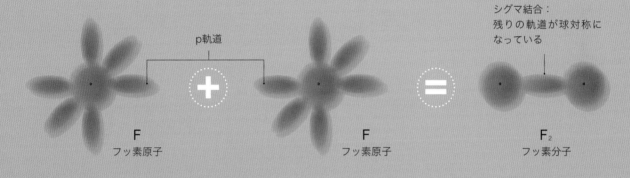

p軌道

F
フッ素原子

F
フッ素原子

シグマ結合：
残りの軌道が球対称に
なっている

F₂
フッ素分子

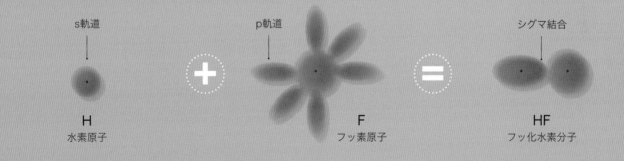

s軌道

H
水素原子

p軌道

F
フッ素原子

シグマ結合

HF
フッ化水素分子

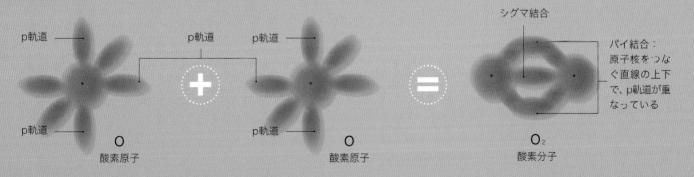

p軌道

p軌道

p軌道

p軌道

O
酸素原子

p軌道

O
酸素原子

シグマ結合

パイ結合：
原子核をつな
ぐ直線の上下
で、p軌道が重
なっている

O₂
酸素分子

水素結合

水素原子はやや正電荷を
帯びている

酸素原子はやや負
電荷を帯びている

水分子には両極性があるため、極性がない場合より
も**結合が強く、融点や沸点もより高く**なる。

水の溶解力

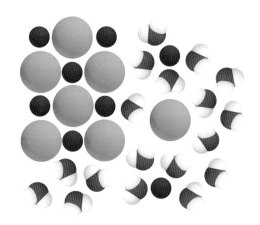

水分子には**両極性**があり、酸素原子のまわりがやや負
電荷を帯び、水素原子のまわりがやや正電荷を帯びて
いる。そのために、水はイオン性固体をよく溶かす。
上の図では、水分子の集まりがナトリウムイオン（紫）
と塩化物イオン（緑）を囲み、水で電荷を帯びた部分
が反対の電荷のイオンに引き寄せられている。

　水分子の両極性は、別の意味でも重要です。たとえば、
2個以上の水分子の間に、相互に引き合う力が生じます。
あらゆる種類の分子は、その結合の電荷の分布にわずか
な違いがあるため、互いの間にわずかながら引力がはた
らきます。しかし、水やそのほかの水素を含む分子は、そ
の結合の極性のために、分子間力がかなり強くなります。
分子に水素が含まれることによって生じる分子間力を、
水素結合といいます。水の場合、1つの分子に含まれる水
素原子の正電荷を帯びた領域が、別の分子に含まれる酸
素原子の負電荷を帯びた領域とくっつきます。そしてそ
の分子間力によって、水の融点と沸点がより高くなって
いるのです。水素結合によって、水の強い表面張力も説明
できます。水が密に凝縮して球形の水滴になるのも、表面
張力の作用です。

　DNAの2つのらせんをつないでいるのも水素結合で
す。しかし、DNAの1区画をコピーする際に2つのらせん
を剥がせないほど強い結合ではありません。多くの分子
でできているタンパク質では、水素原子も、分子を特定の
形にまとめるのに一役買っています。タンパク質の形は、
DNAがその機能を果たすうえできわめて重要な要素に
なっていますし、DNAの二本鎖をほどくことは、まさに
不可欠の作用ですから、地球上のすべての生命が水素結
合のおかげで生存していると言っても、決して過言では
ありません。

水素結合によって生じる水分子の間の分子
間力が、この葉の上にある水滴のように、
水が密に凝縮する理由を説明してくれる。

炭素──多彩な結合

地球上の生物は、炭素という元素にも依存しています。炭素の原子は、糖や脂質だけでなく、タンパク質やDNAといった有機分子の構成要素です。炭素原子は、共有結合の名人です。炭素原子は、水素原子やそのほか多くの元素の原子と、容易に単結合（シグマ結合）します。炭素原子は、酸素や硫黄や窒素の原子と容易に二重結合しますし、炭素同士でも一重、二重、三重結合します。6個の炭素原子が、1つの円軌道上ですべての原子価電子を共有する連鎖を形成するものもあります。単一ポリマー高分子には、ほかの元素の原子と結合した何万もの炭素原子からできたものもあります。

ダイヤモンドは純粋な炭素でできており、どんなダイヤモンドも単一分子と見なされます。炭素の結合は4面体構造のくり返しで、これがダイヤモンドを強くしています。ダイヤモンドの炭素原子の4面体配置は、sp³ハイブリダイゼーションという現象によるものです。炭素の原子価殻には、電子が収容される孔が8個あります。1つのs軌道に2個と、3つのp軌道に合計6個です。しかし、炭素は原子価殻に4個の電子しか持っていません。炭素原子は、s軌道とp軌道を半分ずつ埋めるのではなく、均等な4つの「混成軌道」を容易につくります。新しい軌道はすべて3次元的に等間隔なので、完全な4面体をつくります。ダイヤモンドだけでなく、もっとずっと小さな分子も、炭素のsp³混成軌道の結果、4面体結合を示します。メタン（CH₄）がよい例です。炭素はほかのタイプの混成軌道もつくりますし、s軌道とp軌道が組み合わされた「標準的な」結合もします。この結合の柔軟性が、炭素を多彩で重要な元素にしているのです。ここに挙げたのは、同じ炭素やほかの元素の原子と結合する炭素原子の多様性を示す（有機）炭素系分子の例です。

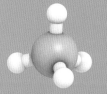

メタンは、水素原子がsp³混成軌道のそれぞれとシグマ結合した4面体分子である。

エチン（アセチレン）は、炭素原子同士が三重結合した（シグマ結合が1か所とパイ結合が2か所の）炭化水素である。

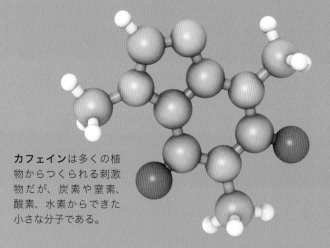

カフェインは多くの植物からつくられる刺激物だが、炭素や窒素、酸素、水素からできた小さな分子である。

血清アルブミンは血液中に含まれるタンパク質。ヒト血清アルブミンの全質量は約6万6500ダルトンである（ダルトンについては40ページ参照）。

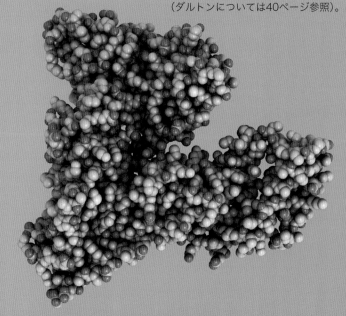

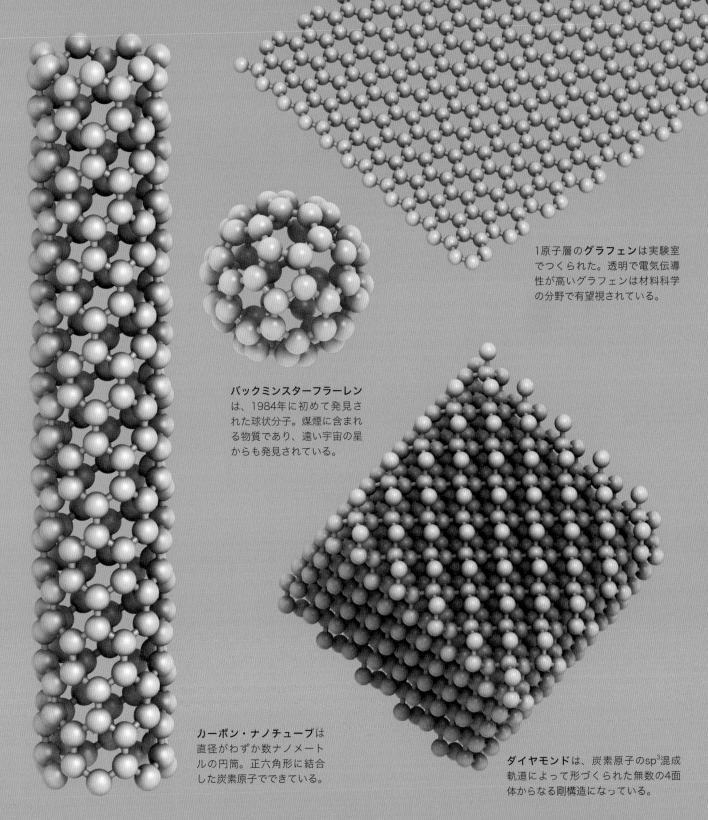

1原子層の**グラフェン**は実験室でつくられた。透明で電気伝導性が高いグラフェンは材料科学の分野で有望視されている。

バックミンスターフラーレンは、1984年に初めて発見された球状分子。煤煙に含まれる物質であり、遠い宇宙の星からも発見されている。

カーボン・ナノチューブは直径がわずか数ナノメートルの円筒。正六角形に結合した炭素原子でできている。

ダイヤモンドは、炭素原子のsp³混成軌道によって形づくられた無数の4面体からなる剛構造になっている。

分子と光

　ダイヤモンドは透明です。光は抵抗を受けずに、ダイヤモンドの中を通り抜けることができます。光は電磁波です（もちろん、同時に光子の流れでもあります。33ページ参照）から、電子と相互作用します。純粋な炭素でできた物質の1つであるバックミンスターフラーレンは、結合に関わっている電子が自由なので、光を吸収します。しかし、ダイヤモンドは、すべての電子がsp^3混成軌道に関わっています。電子は結合に全力を注いでいます。だから、光が通り抜けられるのです。赤外線や紫外線などの可視スペクトルの範囲を超えた電磁放射も、電子と相互作用したり、しなかったりします。ときには、電磁放射は分子を曲げたり、ゆがめたりすることがあります。またときには、原子内部の電子をより高い

エネルギー準位に励起したり、分子の結合を完全に断ち切ったりします。

　水のように、極性を持つ分子は、電磁放射にさらされたとき、各種量にかかわらず、放射の周波数に応じて、前後に回転します。だから、たとえば、水は可視光を透過しますが、赤外線やマイクロ波は吸収します。大気中の水蒸気や水滴は、暖かい地表から放出される赤外線放射の一部を吸収します。もしそうでなかったら、エネルギーは地球の外の宇宙に排出されてしまいます。水分子が赤外線放射からエネルギーを吸収すると、大気の温度は上昇し、水分子はあらゆる方向に電磁波を放射します。放射の一部は宇宙に放出されますが、ここで重要なのは、その一部がまた地球に戻ってく

るということです。この作用によって、地球の表面は、大気がない場合よりも高い温度に保たれています。これが「温室効果」です。ほかの分子——とくに二酸化炭素やメタン——も、温室効果をもたらす大きな要因です。こうした温室効果ガスの大気中の濃度が高くなるほど、地球の平均表面温度は高くなります。

電磁放射と分子の相互作用によって特性スペクトルが生じるため、分光法（68ページ参照）で元素を識別するときと同じように、これを利用できます。分子分光法を使えば、宇宙のはるか彼方の星雲に存在する何百という化合物を解明することができます。その中には、地球上の生命過程と関わる化合物も含まれます。X線やガンマ線がDNA分子にぶつ

かると、原子間の結合をこわして、DNA分子の遺伝コードにエラーを引き起こす可能性があります。こうしたエラーが突然変異であり、場合によってはがんの原因になることもありますが、また同時に、進化をうながす重要な原動力にもなるのです。

エチレン・グリコールは自動車の不凍液に用いられる主要な成分だが、2002年に分子分光法を使って、銀河系の中心近くのガス雲で検出された。

チリのAPEX望遠鏡で**銀河系の中央部**を多波長観測した画像（左ページ）。これにはエチレン・グリコール（上）などの興味深い分子が検出されている。

スピッツァー宇宙望遠鏡が行った**分子分光法**。32億光年離れた銀河系（下）で水やさまざまな炭化水素が検出された。グラフ（右）にはさまざまな分子が赤外線スペクトルの特定の波長を吸収することが示されている。

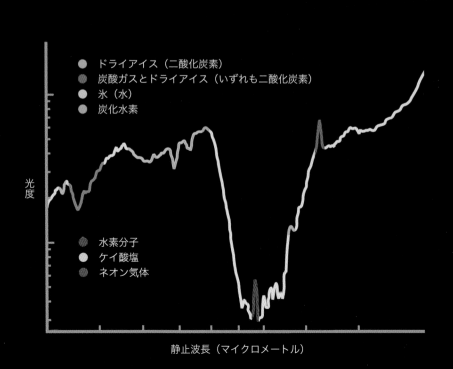

- ● ドライアイス（二酸化炭素）
- ● 炭酸ガスとドライアイス（いずれも二酸化炭素）
- ● 氷（水）
- ● 炭化水素

- ● 水素分子
- ● ケイ酸塩
- ● ネオン気体

光度

静止波長（マイクロメートル）

多くの分子が電磁放射の一部の周波数しか吸収しないということは、さまざまな色の色素が存在する理由でもあります。たとえば、植物の葉緑素は、紫外線と可視スペクトルの青と赤を吸収します。植物は吸収したエネルギーを使って光合成を行います。スペクトルのほかの部分は通り抜けてしまったり、反射されたりするので、その結果、植物は特有の緑色をしているのです。

ダイヤモンドの電子は結合のために固定されていますから、電磁放射と相互作用することができません。しかし、相互作用ができるほど自由な電子を持つ物質もたくさんあります。たとえば、金属の電子は、ほぼすべての電磁放射を吸収できるくらい自由です。通常、放射は吸収されると、即座に反対方向に再放射されます。だから、金属は光をよく反射するのです。金属の電子が自由である理由は、金属原子の結合の仕方と関係があります。

金属結合

数兆個の鉄原子を（室温で）ひとまとめに集めると、しっかりとくっついて固体になります。鉄原子を結びつけるのは、共有結合でもイオン結合でもありません。鉄原子は、共有電子の（原子スケールでは）広大な海の中に配置されています。金属原子の原子価電子のエネルギー準位はひじょうに近接しています。多くの金属原子をひとまとめに集めると、エネルギー準位が接合されて1つの「エネルギーバンド（エネルギー帯）」になり、ホスト原子から離れて「非局在化」し、自由に動き回るようになります。このように電子が自由に動けるために、金属は電気をよく通すのです。そのためにまた、金属は熱伝導性も高いのです（電子は振動をよく伝えます）。だから、金属原子同士が共有する連続したエネルギーバンドを伝導バンド（伝導帯）と呼ぶのも当然のことです。

非金属は伝導バンドを形成しないので、熱や電気をあまりよく通しませんし、電磁放射も金属のように反射することはありません。元素（や化合物）の中には、温度や電磁波やほかの元素の存在によって伝導性が変動するものがあります。デジタル技術の基礎をなすこうした「半導体」については、第6章でくわしく見ていきます。

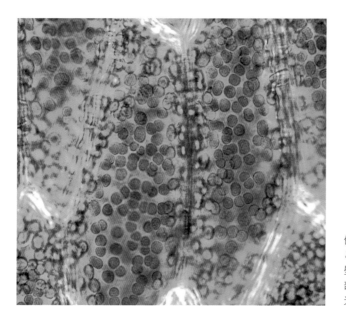

偏光を使って撮影した**アブラゴケの顕微鏡写真。**この葉は、細胞1個分の厚みしかないので、細胞壁（青）や葉緑体（緑）が見える。葉緑体の内部では、葉緑素が太陽光の光子を吸収し、その光子のエネルギーを使って光合成を行う。

金属結合

固体金属内の電子の「海」は、伝導バンドと呼ばれる共通の連続したエネルギーバンドに広がっている。それぞれの電子は特定の原子と結合していないので、結晶の中を自由に動ける。金属全体に電磁場が生じると、電子が動く。

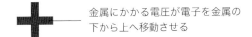

金属にかかる電圧が電子を金属の下から上へ移動させる

共有電子のエネルギーの共通バンドによって、金属イオンは結晶構造の中につながれている

単独の原子の場合、電子のエネルギー準位を明確に規定できる

エネルギー

$n=4$
$n=3$
$n=2$

$n=1$

伝導バンドの中の、電子が非局在化した「海」

エネルギー

伝導バンド

価電子バンド

$n=2$共通バンド

$n=1$共通バンド

（粒子としての）電子は結晶の中を自由に動ける

多くの原子があるとエネルギー準位がわずかに変動し、接合して「バンド」になる

化学反応

ロウソクが燃える場合でも、鉄が錆びる場合でも、あらゆる化学反応において、反応の結果できた化合物や元素は、反応前のものとは違っています。これは、すべての化学反応が原子間の結合をこわしたり、つくったりするものだからです。

結合エネルギー

2つの水素原子が結合するのは、エネルギーの観点からすれば、それが都合のいいことだからです。水素原子は別々でいるよりも、結合したほうが、エネルギーが低くなります。結合をこわすことはできますが、そうするにはエネルギーが必要です。化学結合をこわすために必要なエネルギー量を、結合エネルギーといいます。化学反応が始まるのは、すでに結合しているものを切り離すために利用できるエネルギーが十分にある場合だけです。新たに結合させると、結合エネルギーと同じ量のエネルギーが放出されます。

結合をこわして化学反応をスタートさせるために必要なエネルギーを、活性化エネルギーといいます。反応する物質に気体が含まれる場合は、気体の粒子がほかの気体の粒子や、固体や液体の粒子とぶつかることによって供給されます。たとえば、純鉄を空気中に放置すると、空気中を飛び回っている酸素分子が鉄の表面にぶつかります。この衝突によって、2つの酸素原子の結合をこわし、表面の鉄原子の結合を妨げるほどのエネルギーが生まれます。そして、鉄原子は酸素原子と結合して、酸化鉄をつくるのです。

酸素原子が鉄原子と結合する過程で、**錆**は徐々にできていく。酸素原子と鉄原子がこのような化学反応を起こすのは、酸素分子が鉄原子にぶつかるときのエネルギーに、酸素分子を分裂させ、鉄原子を鉄の結晶から解き放つのに十分な強さがあるからである。

ロウソクの炎の熱で、酸素原子とロウの炭化水素分子が分裂して、それぞれの原子が自由になり、新しい結合をつくる。この反応の生成物は、二酸化炭素（CO_2）と水（H_2O）である。

　この鉄と空気の接触によって、ほかにも、空気中の水分子や二酸化硫黄などのほかの化合物が関わるさまざまな化学反応が生じます。その結果、鉄の表面にはいわゆる錆という、化合物が入り交じった複雑なものができます。

　ロウソクは、炭化水素の分子が絡み合ったものです。こうした分子は、炭素原子と水素原子だけからできています。ロウソクの芯についた火がロウを溶かすのに十分なエネルギーを供給し、溶けたロウは毛細管現象（液体と物質の間にはたらく引力によって、液体が物質内の小さな隙間を動く作用）によって芯を伝って上っていきます。ロウの一部は炎の熱で蒸発し、炭化水素の分子が空気中の酸素分子とぶつかります。ここで、酸素分子をつくる酸素原子の結合や、炭化水素分子の炭素水素結合をこわすのに十分なエネルギーが生じます。その結果、原子が自由になって、新たに結合する遷移状態になります。炭素原子は酸素原子と結合して二酸化炭素となり、水素原子は酸素原子と結合して水になります。水と二酸化炭素の分子（生成物）の結合エネルギーの合計は、炭化水素と酸素分子（反応物）の合計の結合エネルギーの合計よりも小さくなります。残りのエネルギーは、新しい結合ができるときに熱として放出されます。この熱は、ロウソクの火を燃やしつづけるための反応を持続させます。

　ロウの燃焼のように、最終生成物の結合エネルギーが反応物の結合エネルギーよりも小さい反応を、発熱といいます。というのは、エネルギーが──例外もありますが、多くの場合──熱として放出されるからです。ほとんどの反応は、エネルギー的に有利なため、熱を発します。しかし、中には、反応物よりも生成物のほうが、エネルギーの大きい吸熱反応もあります。吸熱反応は、即座に逆転する場合もあります。生成物が低エネルギー状態に逆戻りして、反応前の低エネルギー結合をつくります。しかし、結合エネルギーが高くなるにもかかわらず、新たに安定した状態に落ち着くこともあります。

化学反応のエネルギー

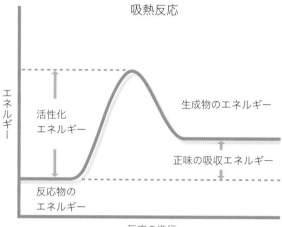

吸熱反応

エネルギー

活性化
エネルギー

生成物のエネルギー

正味の吸収エネルギー

反応物の
エネルギー

反応の進行

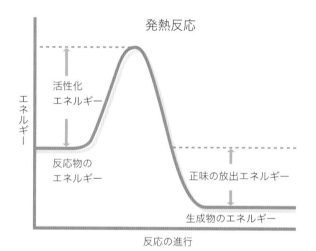

発熱反応

エネルギー

活性化
エネルギー

反応物の
エネルギー

正味の放出エネルギー

生成物のエネルギー

反応の進行

化学反応を始めるときは必ずエネルギーを投入しなければならない。吸熱反応（上のグラフ）の場合には、反応後の結合エネルギーが反応前の結合エネルギーよりも大きい。発熱反応（下のグラフ）の場合には、その逆になる。

　こうした状態が生じる理由を理解するために、勾配のある山道で車を押し上げるところを想像してみてください。化学反応の前後で、エネルギーの合計のグラフが山のように見えるので、たとえとしてちょうどいいでしょう。山道で車を押し上げるにはエネルギーが必要ですが、そのエネルギーは、途中で車から手を離すと放出されます。しかし、山の頂上まで行くともう上り坂はないので、そこまで車を押し上げたら、車が逆戻りして山道を転がり落ちていくことはありません。山の頂上にある車は、山のふもとにいたとき

よりも多くのエネルギーを持っています。それが、車を押し上げたあなたが提供したエネルギーです。これと同じことが、吸熱反応の場合にも起きます。しかるべき反応物があって、結合をこわすために必要な活性化エネルギーを加えれば（頂上を越えて車を押し出せば）、新しい反応が起きます。結合をつくる場合には必ずエネルギー（結合エネルギー）が放出されます。このようにして、新しい安定状態——頂上からのくぼみ——が生じるのです。

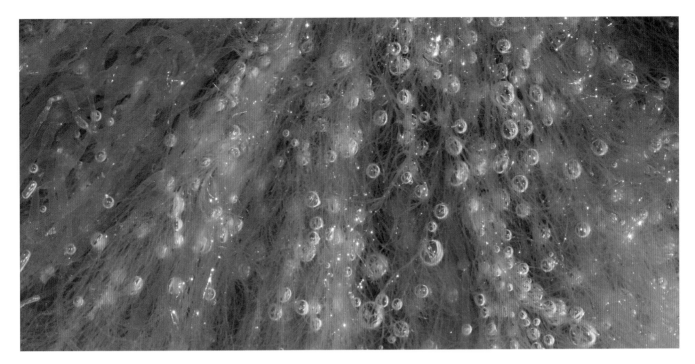

ヒルムシロがつくる酸素の泡は、光合成の生成物である。光合成とは、太陽光をエネルギー源とする一連の吸熱反応である。

生命の反応

　生命は、化学反応によって成り立っています。生命は、原子間結合の生成と切断に完全に依存しています。あなたの体をつくるすべての細胞の内部では、膨大な数の複雑な化学反応が絶えず起きています。こうした反応のほとんどは——タンパク質の生成やDNAの複製を含めて——エネルギーを必要とします。これは吸熱反応になります。必要なエネルギーは、突き詰めれば、太陽の光から供給されています。太陽のエネルギーは、光合成の原動力です。光合成とは、植物や一部のバクテリアの内部で行われる、水と二酸化炭素を使う一連の吸熱反応です。光合成は（ほぼ）すべての生物にエネルギーを供給しています。

　光合成によって生成されるのは、グルコース（ブドウ糖）という化合物です。グルコース分子の原子間結合の総エネルギーは、グルコースを形づくっている水分子と二酸化炭素の結合エネルギーよりもはるかに大きなものです。こうしてグルコース分子に「貯蔵された」エネルギーは、酸素を使う別の一連の反応によって放出されます。この反応の生成物は、水と二酸化炭素です。そして、放出されたエネルギーは、生物が生きるための吸熱反応のエネルギーとして供給されます。

　パラフィンロウの原料の原油は、はるかな昔に死んだ海洋生物の残骸からできています。つまり、ロウソクのロウが持つ利用可能なエネルギーは、何百万年も昔にとらえられたものです。だから、わたしたちがロウソクに火を灯すとき、太古の太陽光を使っていることになります。自動車の燃料や、発電所で燃やす石炭や石油についても同じことがいえます。このようなすべての反応——単純でも複雑でも、発熱反応と吸熱反応の両方——で、結合の生成や切断の中心的な役割を果たすのは、電子です。これから次の2つの章で見ていくように、わたしたちはさまざまな方法によって電子を操作することができます。その一例が、電子回路や、実際の原子のすばらしい画像が得られる顕微鏡です。

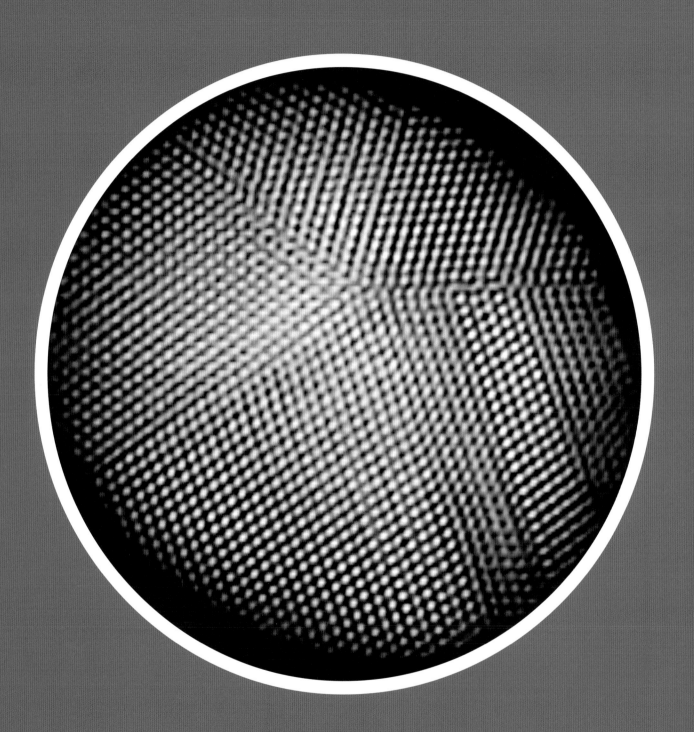

第5章
原子を見て操作する

原子と日常的な物体のサイズの違いがあまりにも大きいので、原子スケールは現実感がなく、ちょっと想像ができません。しかし、数々の驚くべきテクノロジーの進歩のおかげで、いまでは個々の原子や分子を見ることや、さらには1つひとつの原子や分子を操作することが可能になりました。原子間の個々の結合を直接切り離したり、つくったりして化学反応を起こすこともできますし、化学反応の中で起きているひじょうに急激な変化を、ひじょうに短いレーザー・パルスで観察することもできるのです。

このすばらしい画像には、直径がたった2ナノメートルの白金の粒を構成する**2万7000個程度の原子**が写っている。これは電子断層撮影という技術で撮影された。この撮影法は、透過型電子顕微鏡（116ページ参照）でさまざまな角度から粒子を調べるもので、人体内部の臓器の3次元画像を撮影できるCTスキャン（コンピュータ断層撮影）と似ている。この画像には、白金結晶の不完全性の情報が含まれている。この情報は、発光ダイオード（LED）などの電子機器の改善に役立つ。

原子を見る方法

光の波長は、原子の大きさの数千倍です。ということは、わたしたちが物体からはね返ってくる光によって物を見るような通常の方法では、原子を見ることはできません。X線の波長ははるかに短いのですが、ほとんどのX線は原子を通り抜けてしまいますし、画像を生成するようなX線顕微鏡をつくることは実用的ではありません。粒子のようにも波のようにも振る舞う電子は、X線よりもさらに波長が短く、個々の原子の像を生成するために利用することができます。

解像度の問題

はるか彼方から森を見ると、緑と茶色のぼやけた像になって見えます。1本の木を別の木と「解像する」ことができません。つまり、2つの別々の物体として見分けることができないのです。もっと近づいていけば、木が見えるようになってきます。さらにもっと近づけば、1枚1枚の葉を解像することもできます。木の葉を手に取れば、この葉の細部もある程度見ることができますが、人間の目ではその植物を構成している個々の細胞まで見分けることはできません。人間の目の解像度は、そこまで見えるほどよくありません。森の木を遠くから見るときと同じように、木の葉の細胞がぼやけてひとまとまりになって見えます。人間の目で解像できる最小の物体は、1ミリメートルの10分の1より少し小さいサイズ——ヒトの卵細胞くらい——のものです。

高性能な顕微鏡を使えば、すべての生体細胞を見ることができますし、細胞内部の特徴もある程度見ることができます。つまり、顕微鏡がつくる拡大像は、肉眼で見る像よりもはるかに解像度が高いわけですが、光学顕微鏡には限界があります。この限界は、技術的なものではなく、光の波としての性質によるものです。1870年代に、ドイツの物理学者エルンスト・アッベは、光の波長の半分以下の距離しか離れていない2つの物体は解像できないことを発見します。人間の目に見えるもっとも短い波長である青い光は、波長がおよそ4000オングストロームです。原子の直径は数オングストロームしかありません。

X線の波長はずっと短く、100オングストロームから10オングストロームです。これなら原子スケールに近いので、巨大分子ならたしかに——理論上は——解像できるはずです。しかし、X線を光と同じように焦点に集められるレンズは存

視覚の限界

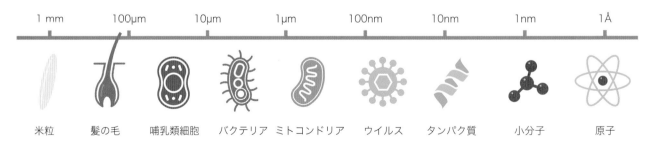

| 1 mm | 100μm | 10μm | 1μm | 100nm | 10nm | 1nm | 1Å |

米粒　髪の毛　哺乳類細胞　バクテリア　ミトコンドリア　ウイルス　タンパク質　小分子　原子

ヒトの目の**解像度**は、はっきりと焦点を結べる距離と、網膜上の感光性細胞の密度に制限される。これに対して、光学顕微鏡の解像度は、光の波としての性質によって制限される。
資料参照：© Johan Jarnestad/The Royal Swedish Academy of Sciences

在しませんから、分子の像をつくるX線顕微鏡をつくることは現実的ではありません。そのうえ、X線はほとんどの原子を通り抜け、はね返ってきません。とはいえ、X線は物質の中を通り抜けるとき、強く回折します。回折とは、波が障害物の横や隙間を通り抜けるときに曲がる現象です（50ページ参照）。この隙間が波長と同じくらいのサイズの場合、回折はもっとも顕著になります。

結晶のように規則正しく並んだ原子（またはイオン）の間を通り抜けるX線が回折するとき、スクリーンや写真乾板に規則正しいパターンを描きます。1910年代の初め、X線結晶構造解析法によって、結晶構造と分子を解明できるようになりました。しかし、原子の実際の像をつくりたいという希望を実現するには、新しい技法の登場や技術の進歩を待たなければなりませんでした。

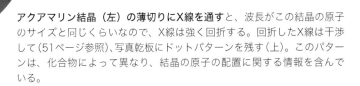

アクアマリン結晶（左）の薄切りにX線を通すと、波長がこの結晶の原子のサイズと同じくらいなので、X線は強く回折する。回折したX線は干渉して（51ページ参照）、写真乾板にドットパターンを残す（上）。このパターンは、化合物によって異なり、結晶の原子の配置に関する情報を含んでいる。

電子を使う

1930年代になると、光の代わりに電子を使う新しいタイプの顕微鏡が登場します。すべての粒子と同じように、電子も波として振る舞います。波長はエネルギーによって決まりますから、高エネルギー電子になると波長がおよそ1ピコメートル（1pm、0.01オングストローム）のものもあります。つまり、原理上、電子は原子を容易に解像できるわけです。電子顕微鏡には、おもに2つのタイプがあります。走査型電子顕微鏡（SEM）と透過型電子顕微鏡（TEM）です。

SEMの内部では、電子ビームが試料をスキャンし、乱反射する電子を検出器が拾い上げ、詳細な画像をつくります。画像の解像度は、電子ビームの幅と、ビームを焦点に集めてスキャンさせる（電磁）レンズの幅に制約されますが、100オングストローム（10ナノメートル）くらいまで絞り込むことが可能です。TEMでは、電子ビームは反射しないで、薄い試料を通り抜けます。TEMの解像度は、同じようにレンズに左右されますが、同時に電子の波長――つまり電子のエネルギー――にも左右されます。つまり、ビームをつくるために電子をどれだけ加速するかによって決まります。調整によって、通常は数オングストロームまでの解像度が得られます。1933年、TEMの解像度は初めて光学顕微鏡の回折限界を超えます。その結果、TEMによって、生物学者は生体細胞や生体物質の構造をいっそう詳細に見られるようになり、科学者は物質の構造をナノスケールでいっそうくわしく理解できるようになりました。

透過型電子顕微鏡で見たミトコンドリア。数百ナノメートルというサイズの細胞の構造が見て取れる。ミトコンドリアの内部の折りたたまれた膜組織の厚みは、それぞれ数ナノメートル程度だが、容易に解像できている。

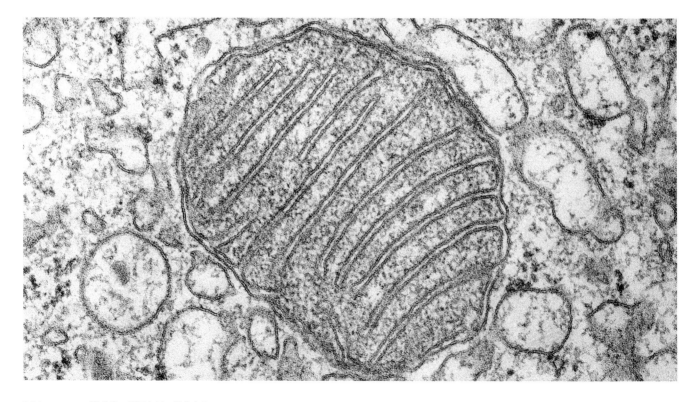

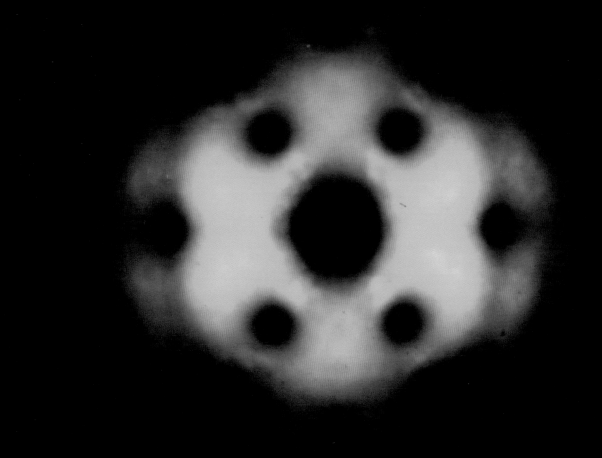

電界放射顕微鏡の先鋭化したモリブデン
先端部のぼやけた原子画像。

原子の初めての画像

　電子顕微鏡は、生物学者や材料科学者にとって計り知れ
ないほど貴重なものになりましたが、まだ原子の画像をつ
くることはできませんでした。原子の画像を初めてつくる
までには、ほかにもっと違うアプローチが必要でした。1936
年にドイツの物理学者エルビン・ミュラーが発明した電界
放射顕微鏡（FEM）は、原子スケールに近い解像度の画像を
つくりました。FEMでは、先鋭化した（鋭くとがらせた）金
属の先端から、強い電場によって電子を押し出します。原子
周辺の電子密度がもっとも高い領域から、より多くの電子
が放出されます。電子は高真空の中をまっすぐな電気力線
に沿って動きます。最終的に検出器に受け止められた電子
が、金属の先端部で電子密度の投影像をつくります。

1951年、ミュラーは自身の顕微鏡にきわめて重要な改良を加えます。少量のガス、通常はヘリウムを、顕微鏡に導入したのです。その結果、電界イオン顕微鏡（FIM）――原子の画像を生成できる最初の装置――が誕生しました。かなりの低温にすると、ヘリウムは表面の原子に吸収（固定）されます。そこに電場をかけると、ヘリウムはイオン化して、金属の先端部から押し出されます。スクリーンがヘリウムの衝突を検知して、表面に原子の画像をつくります。

　電界イオン顕微鏡が画像をつくれるのは、純粋な金属――しかも、先鋭化できるもの――に限られます。1960年代、ミュラーと共同研究者のジョン・パニッツは、さらなる改良を加え、試料の（イオン化した）原子そのものを先端から分離させて、検出器まで飛ばしました。この「原子プローブ」を使えば、合金（金属の混合物）や、さらには化合物までも、分析することができます。原子プローブの重要な特徴は、内蔵の質量分析計（69ページ参照）です。この分析計で、検出器が受け止めた原子の質量を測定し、そこからどんな元素が含まれているかを識別します。原子は一度に層として剥がれるので、原子プローブによって、さまざまな元素の原子の位置を明らかにし、先端部の内部構造の3次元マップがつくれるようになります。

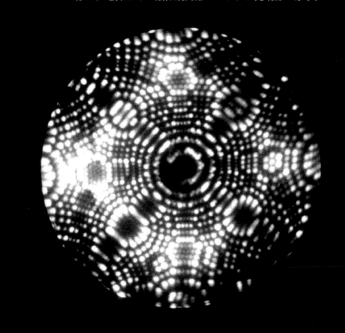

初めての原子画像は、1955年に電界イオン顕微鏡の発明者エルビン・ミュラーによって生成された。下の画像は、電界イオン顕微鏡内部のプラチナ先端部の原子。

原子プローブによる3次元的顕微鏡検査は、原子の位置と、その原子がどの元素に属するかを明らかにする。

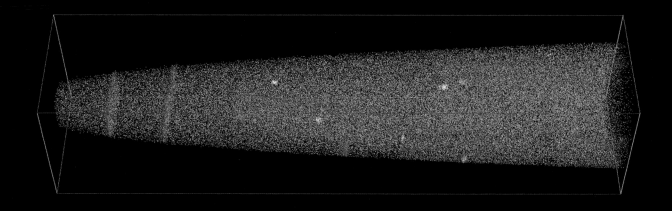

電界イオン顕微鏡

不活性ガスの原子が、電界イオン顕微鏡の内部の先鋭化した先端の表面の原子にくっつく。この先端に高電圧をかけると、ガスの原子がイオン化して、蛍光スクリーンに直接飛んでいく。

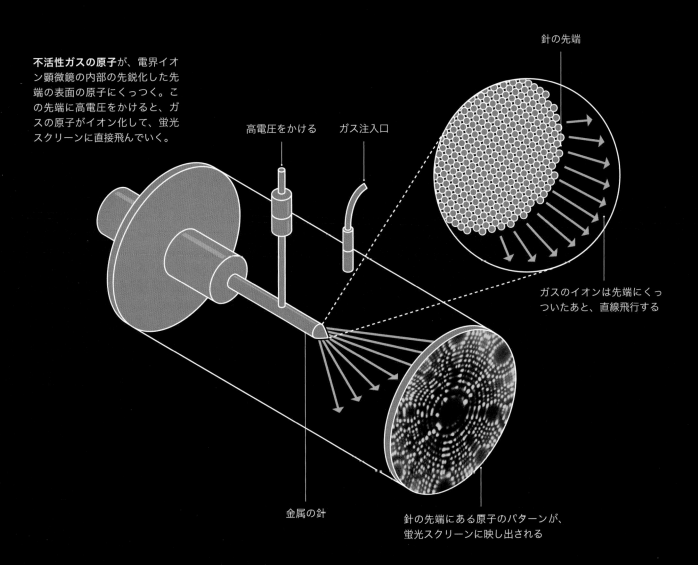

針の先端

高電圧をかける

ガス注入口

ガスのイオンは先端にくっついたあと、直線飛行する

金属の針

針の先端にある原子のパターンが、蛍光スクリーンに映し出される

走査型透過電子顕微鏡

　原子レベルの分解能やそれに近いレベルの画像を生み出す技術が次々と登場する中で、新たに名前を連ねることになったのが、走査型透過電子顕微鏡（STEM）です。透過型電子顕微鏡と同じように、STEMでは薄い試料に電子ビームを透過させます。ただし、STEMの場合、きわめて細いビームで、きわめて間隔の狭い連続した線に沿ってスキャンします。この「ラスタースキャン」によって、電子ビームの分解能は最大限まで引き上げられ、原子や原子結合の鮮明な画像をつくれるようになりました。さらに、原子からはね返って高角度で散乱する電子や、電子ビームが原子や原子間結合にぶつかったときに発生するX線を検出器が集めます。X線の

エネルギーは（つまり波長も）、原子の原子番号によって決まります。だから元素の違いを識別できるのです。

　試料の内部の原子と相互作用して通り抜けた電子がつくる画像を、「明視野像」といいます。ビームの主要な軌道をはずれて高角度で散乱する電子がつくる画像を、「暗視野像」といいます。両方の画像とX線検知器からの情報を組み合わせることによって、STEMは試料に関する豊富な情報を明らかにし、目を見張るような刺激的な画像をつくり出せるのです。

STEMの着色合成画像
(1) 7つのウラン原子の微結晶。
(2) グラフェン（103ページ参照）——黒い丸の1つひとつが炭素原子で、その間をつないでいる線が共有結合。
(3) アルミニウム原子の「海」に点在する銅と銀の原子の島。
(4) 酸化鉄のナノ粒子。
(5) 天然ダイヤモンドの直径1ナノメートル以下の微小な隙間（オレンジ色の点は炭素原子）。

1

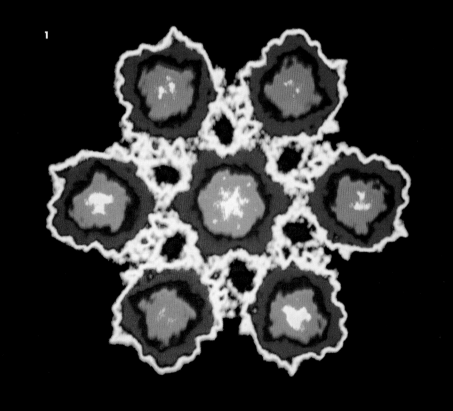

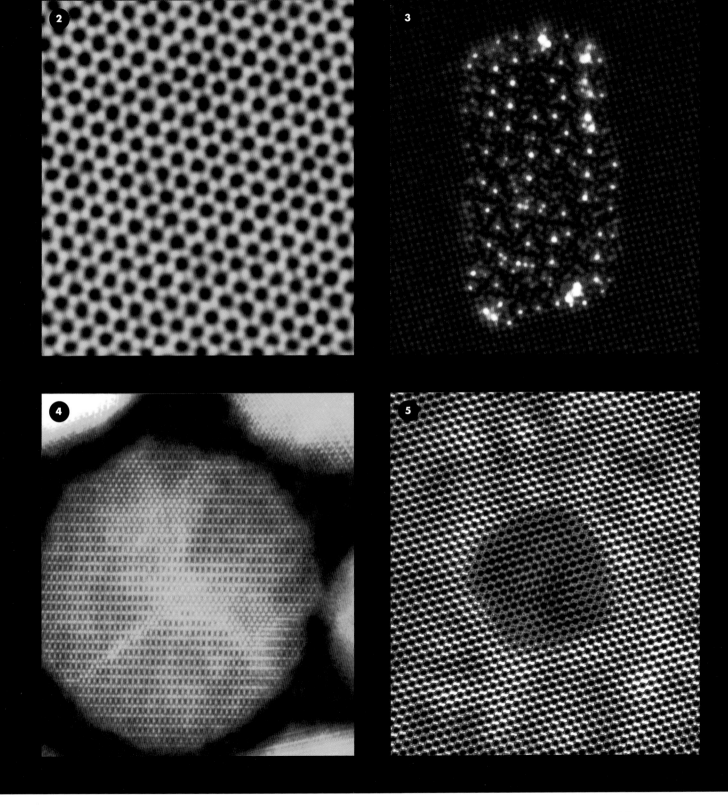

走査型プローブ顕微鏡法

これまでで最高の原子の画像は、X線顕微鏡や電子顕微鏡でも、電界イオン顕微鏡や原子プローブでもまだつくられていません。こうした画像は、試料表面にある原子スケールのでこぼこを、きわめて鋭いプローブでスキャンしたものです。走査型プローブ顕微鏡は、信じられないような画像をつくり出すだけでなく、個々の原子に直接はたらきかけて、原子を動かすこともできます。

走査型トンネル顕微鏡

1981年になると、原子の表面の正確な画像をつくり出すまったく新しい方法が登場します。スイスの物理学者ハインリッヒ・ローラーとドイツの物理学者ゲルト・ビーニッヒが走査型トンネル顕微鏡（STM）を発明したのです。この目覚ましい装置の発明によって、この2人は1986年にノーベル物理学賞を受賞しました。走査型トンネル顕微鏡は、走査型プローブ顕微鏡という新しい種類の画像装置の第1号でした。走査型プローブ顕微鏡は、光やX線や電子ビームを試料に当てて表面の画像を直接とらえるのではなく、連続したスキャンで表面の起伏を検出して、表面の正確な地形図をつくり出します。走査型プローブ顕微鏡は、いわば点字を読むようにして、起伏を感じ取ることによって表面の形状を画像にします。

STMのおもな特徴は、表面をスキャンするプローブです。これはきわめて鋭利な金属の針で、幅が原子数個分しかない先端を、試料の表面から数オングストロームの位置に置きます。試料自体も導体でなければなりません。先端と表面の間に微量の電流を通す必要があるからです。プローブの

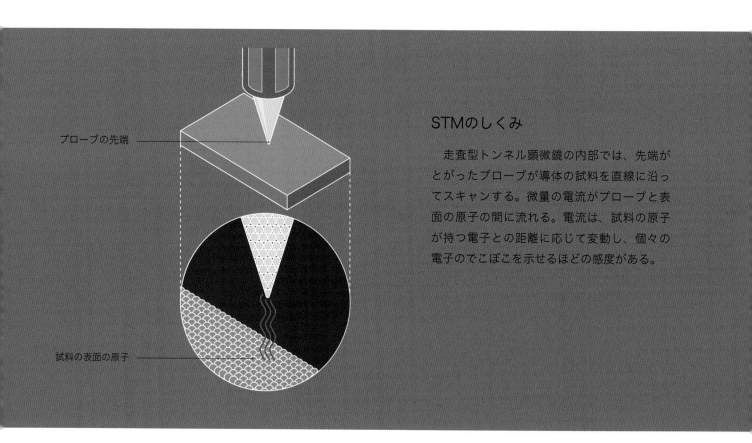

プローブの先端

試料の表面の原子

STMのしくみ

走査型トンネル顕微鏡の内部では、先端がとがったプローブが導体の試料を直線に沿ってスキャンする。微量の電流がプローブと表面の原子の間に流れる。電流は、試料の原子が持つ電子との距離に応じて変動し、個々の電子のでこぼこを示せるほどの感度がある。

先端と表面の間の電圧は強くないので、これほど小さな隙間でもスパークが生じることはありません。その代わり、量子力学的トンネル効果（63ページ参照）によって、この隙間に電子が「もれ出し」ます。具体的にいうと、表面の電子の波動関数が表面の外まで広がり、プローブ先端にある電子の波動関数も先端の外まで広がり、両方の波動関数がわずかに重なるのです（間隔がひじょうに狭く電流がもっと大きければ重なりは大きくなります）。その結果、電子が隙間を越えてトンネルする確率がわずかながら生じます。試料の特定箇所で電子の密度が高くなるほど、そしてプローブと試料の間隔が狭くなるほど、この確率は大きくなり、トンネル電流が大きくなります。

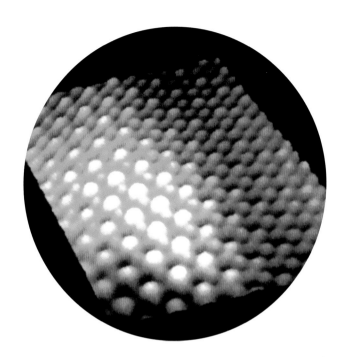

STMで撮影したグラファイト（炭素原子、青）の上のパラジウム原子（白）の着色合成画像。パラジウム原子の間隔は約4オングストロームで、炭素原子の間隔は3オングストローム強である。

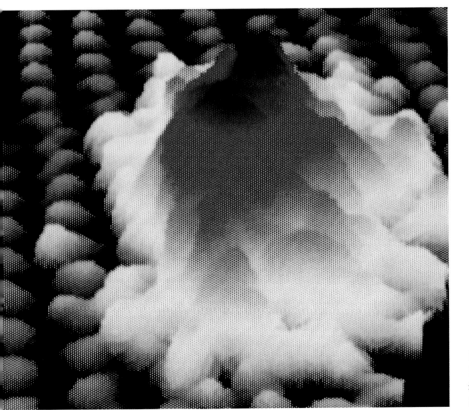

1980年代のSTM初期の着色合成画像。グラファイト（炭素原子、緑）の表面に置かれた金の原子（黄色、赤、黒）が集まって、1ナノメートルより少し大きい島をつくっている。

プローブは、試料の表面に沿って、間隔の密な直線をなぞるようにスキャンします。装置はトンネル電流を検知して、2つの動作のうちの1つを自動的に選択します。トンネル電流を一定に保つためにその高さを変化させるか、一定の高さを保ってトンネル電流の変化を測定するかのどちらかです。どちらの場合も、多くの隣接線に沿ってスキャンを行い、表面にある原子サイズのでこぼこの画像を精密につくり出します。コンピュータが情報をまとめて、3次元画像を生成します。

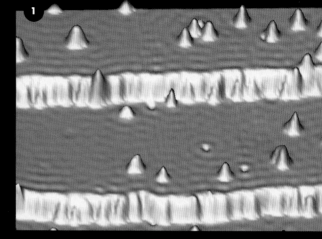

（1）ヒ化ガリウムの表面に配置した単一の**マンガン原子**のSTM画像。コンピュータ・チップの性能向上と小型化の促進を目的とした研究プロジェクトの一環。

（2）**マンガン結晶**の中のナトリウム原子（黄色と深緑）とマグネシウムイオン（ピンクと薄緑）。

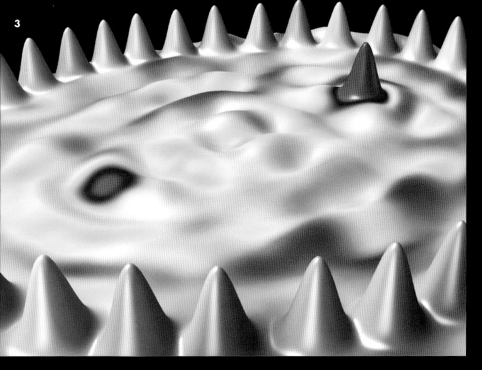

「栅」と呼ばれる楕円構造に配列されたコバルト原子のSTM画像（3）。銅基板の電子波が磁性原子（ピンク）と相互作用し、蜃気楼効果を起こす。ここでいう蜃気楼効果とは、実在しないコバルト原子が楕円の別の焦点に見えること。下のSTMの着色合成画像は、銅の表面の（4）コバルト原子（ピンクの円）と（5）重ねられたカーボン・ナノチューブ（103ページ参照）。

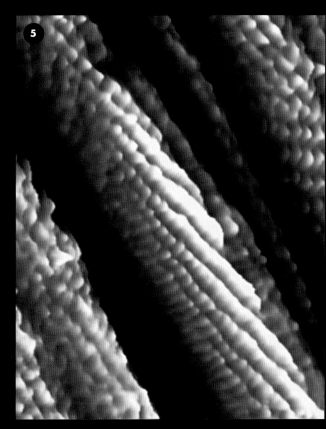

原子間力顕微鏡

STMは実にすばらしい性能ですが、1つ重大な欠点があります。画像がつくれるのは、導電体に限られているのです。STMの機能の要となるトンネル電流が流れるものでなければならないからです。この欠点は、1986年に――STMを発明したのと同じチームによって――原子間力顕微鏡（AFM）が発明されたことによって、克服されました。AFMの導入によって、それまでは見ることができなかった多くの物質を走査型プローブ顕微鏡法で見ることができるようになりました。AFMの原理はSTMとよく似ていますが、AFMは、トンネル電流を測定するのではなく、プローブの先端と試料表面の原子との間にはたらく引力と反発力を感知します（下の囲み参照）。距離が近いと引力がはたらきますから、通常は反発力がはたらくほどプローブの先端を離して、先端が試料に「くっつく」ことがないようにします。

プローブの先端を柔軟なカンチレバーに取り付けると、原子サイズの凹凸に応じて引力と反発力が変動するので、カンチレバーが上下に動きます。カンチレバーのわずかな動きを検知するために、レーザー・ビームをカンチレバーに照射して、その反射を検知します。従来と同じように、試料の表面を間隔の密な線に沿ってスキャンして、コンピュータ・スクリーンに原子スケールの画像をつくります。AFMのあるタイプは、プローブの先端が高い振動数で上下動しますが、試料の表面の原子には触れません。この非接触の動的モードでは、試料からプローブにはたらく力の変化に応じて、振動数または振動の振幅が変動します。原子間力顕微鏡は、試料の原子とプローブ先端の間にはたらく力をきわめて精密に測定することによって、1つひとつの原子がどの元素に属するかを識別できるのです。

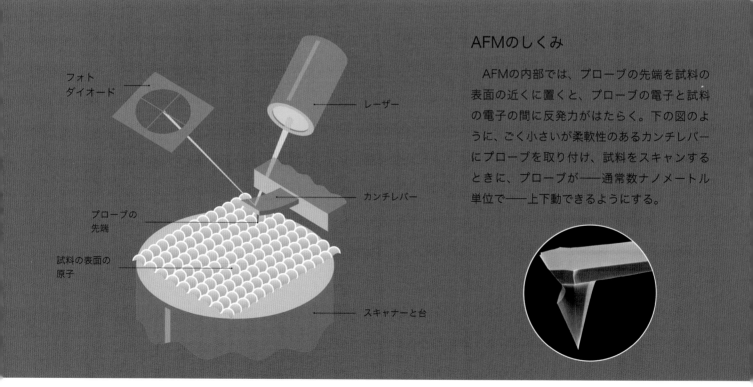

AFMのしくみ

AFMの内部では、プローブの先端を試料の表面の近くに置くと、プローブの電子と試料の電子の間に反発力がはたらく。下の図のように、ごく小さいが柔軟性のあるカンチレバーにプローブを取り付け、試料をスキャンするときに、プローブが――通常数ナノメートル単位で――上下動できるようにする。

フォトダイオード

レーザー

カンチレバー

プローブの先端

試料の表面の原子

スキャナーと台

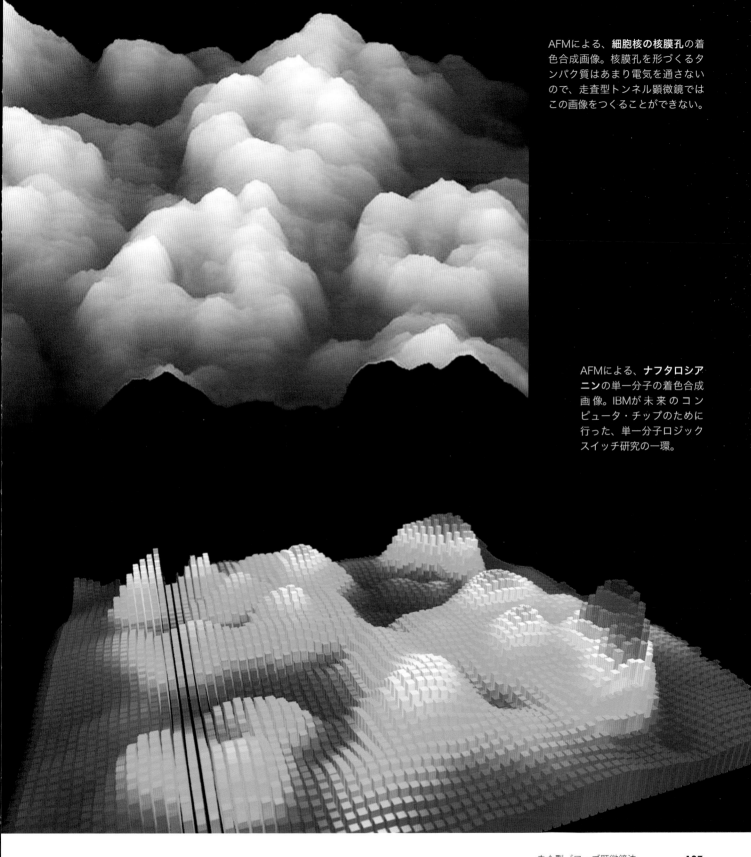

AFMによる、**細胞核の核膜孔**の着色合成画像。核膜孔を形づくるタンパク質はあまり電気を通さないので、走査型トンネル顕微鏡ではこの画像をつくることができない。

AFMによる、**ナフタロシアニン**の単一分子の着色合成画像。IBMが未来のコンピュータ・チップのために行った、単一分子ロジックスイッチ研究の一環。

原子を操作する

　走査型プローブ顕微鏡は、原子のすばらしい画像をつくれるだけではありません。個々の化学結合を操作して、化学反応を引き起こすこともできるのです。原子物理学者は、ほかにも原子や分子を直接操作する方法を開発し、量子力学の知識を活用して、リアルタイムできわめて緻密なやり方で化学結合を精査し、新しい物質を生み出しています。また、原子物理学者は、化学反応の間に起きている信じられないほど急激な変化を調べる方法も開発しています

原子を動かす

　走査型プローブ顕微鏡は、豊富な情報を提供してくれるすばらしい画像をつくり出し、試料の表面の化学元素を識別するだけではなく、個々の原子を直接操作することもできるのです。たとえば、STMのトンネル電流を調整して、試料表面から正確な距離まで持っていくことによって、プローブの先端と試料表面との間の相互作用を、プローブの原子と試料表面の原子（通常、試料表面にくっつくか、吸収される吸着原子）との化学結合を生じるくらいのちょうど適切なレベルに「調整」できます。この結合は、試料表面から原子を持ち上げるくらい強いので、もう一方の先端に置くことができます。

　この目覚ましい成果のおかげで、現実の世界の原子間相互作用——それ以前は量子力学を使って数学的に研究することしかできなかった相互作用——を詳細に研究できるようになりました。そしてまた、ナノスケール工学のエンジニアは、コンピュータ・メモリや量子ドット（141ページ参照）

などの原子数個でできた極小の電子デバイスもつくれるようになったのです。それまでは不可能だった特性を持つ新しい素材も製造できるようになりました。原子を1つずつ操作してこうした物質をつくるという気が遠くなるような作業も、将来的には、工程を自動化することによって軽減されるかもしれません。2015年、アメリカの標準技術研究所（NIST）の研究者たちは、コンピュータ制御のSTMを使って、銅の表面上にランダムにばらまかれたコバルト原子を動かして、量子「柵」（125ページ参照）がつくれることを実証しました。また、一酸化炭素分子から量子ドットをつくり、ナノスケールのNISTのロゴを再現しました。これはすべて、人の手を介さずに行われたことです。

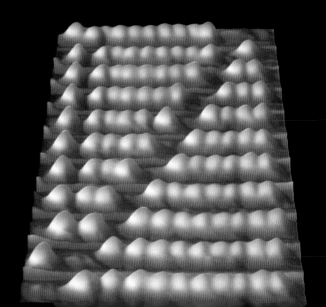

STMによる、ナノスケールのそろばんの着色合成画像（このページ右）。青い「ビーズ」形のものは、**バックミンスターフラーレン分子**（C$_{60}$、103ページ参照）で、「枠」は銅の表面。STMのプローブの先端を使って、ビーズを一度に1個ずつ持ち上げて動かした。STMによる着色合成画像（右ページ）は、銅の表面に円形に並べられたコバルト原子

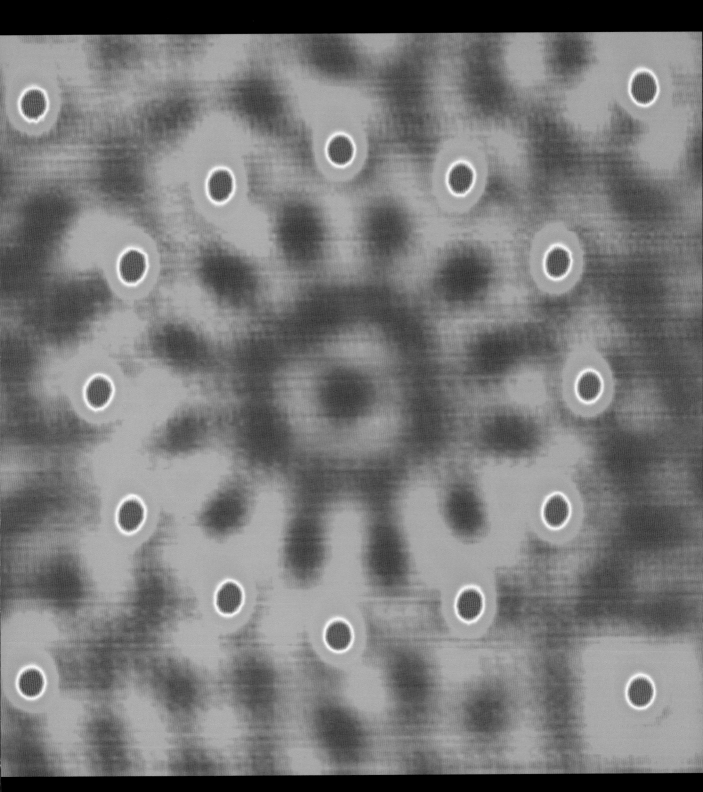

化学反応を引き起こす

　バーグマン環化という化学反応をともなう、また別の目覚
ましい原子相互作用が、AFMとSTMの併用によって可能
になりました。この反応は1972年に発見されましたが、当初
はたんに珍しいものとしか見られていませんでした。しか
し、いまでは、抗がん剤の開発に有望なものと見なされてい
ます。というのは、この反応の中間分子の1つがDNA分子
にくっつくことができるので、がん細胞を狙い撃ちして破壊
できるからです。IBMの研究者が走査型プローブ顕微鏡法
を使ってこの反応を研究し、指定に応じて引き起こせるよう
になりました。まず、単一分子からいくつかの原子を取り除
き、炭素原子からなる連続した3つの環を持つ安定した分子
にします。それから、中央の環の一方を——STMでやるよ
うに、トンネル電流で炭素原子の結合をつくったり、切り離
したりして———切り開き、そのあと反対側を切り開いて、
2つの異なる分子の1つをつくります。このシステムは、将
来的にはエレクトロニクスでも利用される分子スイッチの
一種になります。この分子の2状態で、デジタルシステムで
用いる二進法の「0」と「1」が表せるのです。

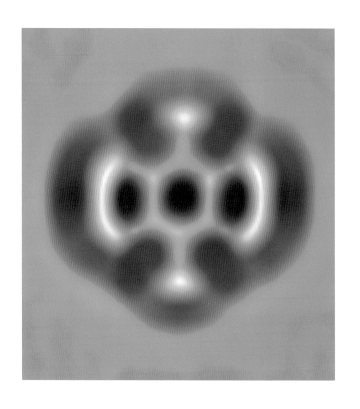

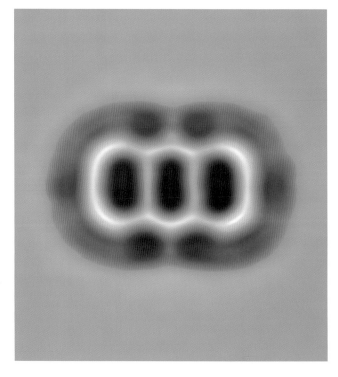

9,10-ジブロモアントラセンの単一分
子のAFM着色合成画像（上）。2原子
分の厚さがある塩化ナトリウムの層に
置かれたもの。2個の臭素原子のそれ
ぞれが写真の上と下にある。IBMの研
究者は、この分子を分子スイッチにつ
くり変えるために、まずSTMプロー
ブ顕微鏡で臭素原子を取り除いた。

IBMの研究者が臭素原子を取り除
いたあとでつくった単一分子スイ
ッチのAFM着色合成画像（下）。
この分子は**9,10-ジヒドロアント
ラセン**である。このあと、STM
のプローブを使って分子の結合
を切り離し、2つの状態を切り換
えた（次ページの囲み参照）。

結合を切り離してつなぐ

　2015年、IBMの研究者は9,10-ジヒドロアントラセンという化合物の単一分子で「スイッチ」をつくった。まず初めに、2つの臭素原子がくっついた9,10-ジブロモアントラセンから、プローブとトンネル電流を使って、この2つの原子を取り除く。この新しい分子は部分的に安定しているだけなので、2つの炭素原子の結合を切り離して、中央の炭素環を開くことができる。研究者はこの分子を、−270℃でイオン2個分の厚みがある塩化ナトリウムの層の上に置いた。炭素－炭素結合の一方の側面を切り離して、分子を2つの異なる状態に切り換えることができた。

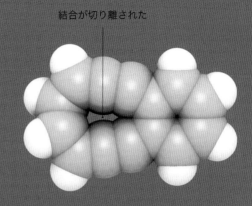

結合が切り離された

3,4-ベンゾシクロデカ-3,7,9トリエン-1,5-ジエンL

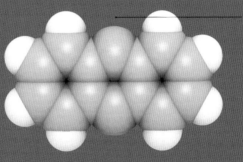

臭素原子が切り離された

9,10-ジヒドロアントラセン

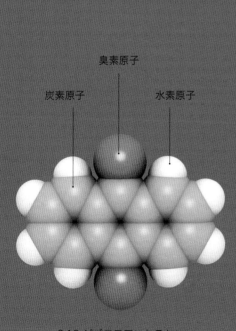

炭素原子　　臭素原子　　水素原子

9,10-ジブロモアントラセン

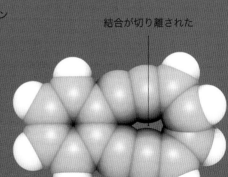

結合が切り離された

3,4-ベンゾシクロデカ-3,7,9トリエン-1,5-ジエンR

原子を減速させる

　原子物理学者が原子に直接はたらきかける方法としては、もう1つ、レーザーと磁場を利用する方法があります。これには、通常、磁気光学トラップ（下の囲み参照）という装置を使います。この装置は、原子の集合の速度を劇的に落として、原子がほとんど動かず、そのため運動エネルギーがほとんどない状態にすることができます。粒子の集合平均運動エネルギーは、その集合の温度と直接関係します（90ページ参照）から、原子を減速させるということは、その温度を下げることです。磁気光学トラップは、「絶対零度」と呼ばれる

もっとも低い温度（－273.15℃）近くまで気体を冷却することができます。これは、正確には、ケルビン温度（K）という特別に考えられた温度スケールの0度に等しい温度です。ケルビンの1度（1K）と、摂氏の1度（1℃）の温度差は同等ですが、ケルビン温度の0度は絶対零度（－273.15℃）なのです。原子を直接操作することによって、物理学者たちは、絶対零度と比べて1ケルビン度の1億分の1以内しか変わらない温度で、物質を冷やせるようになりました（ただし、「量子ゆらぎ」のために、運動エネルギーをゼロにすることは不可能です。これについては第7章で解説します）。

オーストラリアのアデレード大学の光通信高度センシング研究所にある**磁気光学トラップ**の実物。

磁気光学トラップ

　磁気光学トラップの密閉されたチャンバーの内部では、3つのレーザー・ビームが互いに直交する。装置の冷却効果は、レーザーの光子を気体の原子が吸収することによって生じる。想像しにくいかもしれないが、光子は、転がるビリヤードのボールとちょうど同じように運動量を持っている。ビリヤードのボールが別のボールにぶつかると運動量がそのボールに移動するのと同じように、原子が光子を吸収すると、光子が持っていた運動量は原子に移動する。すると、原子は加速するか――その反対に――減速する。

　さいわいなことに、光子を吸収した原子が必ず減速するように仕向ける方法がある。原子は特定の周波数の光だけを吸収するので（48ページ参照）、レーザーの周波数を、そうした周波数よりほんの少しだけ低くなるように調節する。すると原子は、ドップラー効果のおかげで、

温度を絶対零度ぎりぎりまで冷却できるようになったことから、原子物理学や材料科学の分野で本質に迫る多くの研究計画が行われるようになりました。その中でももっとも注目に値するのが、ボース・アインシュタイン凝縮体（BEC）と呼ばれる奇妙な物質をつくり出すことでした。BECが存在する可能性については、1920年代にアルベルト・アインシュタインとインドの物理学者サティエンドラ・ナート・ボースが初めて予言しました。BECは、1995年にコロラド大学の物理学者たちによって初めてつくられました。

　BECでは、すべての原子がそのアイデンティティを失い、融合して1つの超素粒子になります。というのは、極端な低温になると、量子効果が拡大して、原子の振る舞いは粒子よりも波の性質が強くなるからです。BECの中では、原子はすべて、同じ波動関数によって定義されます（52ページ参照）。常温では、それぞれの原子が動き回る速度には大きな幅がありますから、エネルギー分布も大きくなります。それぞれの原子は量子状態が違います（量子状態とは、速度、位置、エネルギーなどの粒子の「観測量」の集合のこと）。温度が絶対零度近くまで下がると、エネルギー分布がはるかに制限され、エネルギー量子化が作用します（48ページ参照）。許されるエネルギーが一定の範囲だけに限られるので、原子はエネルギーを失って、有効なもっとも低いエネルギー状態に落ち込みます——これは、電子が原子内で有効なもっとも低いエネルギー状態に落ち込むのとまったく同じです。

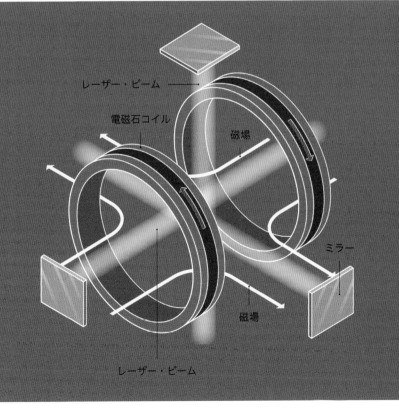

運動の方向に応じてレーザー光線が異なる周波数を持つように感じる。ドップラー効果とは、もっとも身近な例でいうと、緊急車両が近づいてくるとき、相対速度によって、聞く人の耳にはサイレンの音のピッチが実際より高く聞こえるという現象である。原子がレーザーに向かって進むとき、レーザーの周波数がわずかに——原子が光子を吸収するのに十分なくらい——高くなったように感じる（原子が遠ざかるときは、同じビームがミラーから反射して逆方向から接近する）。光子1個だけの運動量はごくわずかだが、多くの光子を吸収すると、気体の原子の平均速度は秒速数百メートルから秒速数センチメートルまで減速する——その結果、温度は絶対零度ぎりぎりまで低下する。磁気光学トラップのチャンバー内に浸透する磁場によって、冷たくなった原子はどんどん狭い空間に押し込められていくことになる。

レーザー・ビーム

電磁石コイル

磁場

ミラー

磁場

レーザー・ビーム

原子の内部では、2つの電子がまったく同じ量子状態になることはありえません。電子はもっとも低いエネルギー状態から収容されていきます。この振る舞いは、フェルミ粒子と呼ばれる種類の粒子の特徴です（第7章でくわしく解説します）。電子も陽子も中性子もすべてフェルミ粒子ですが、すべての粒子がそうだというわけではありません。中にはボース粒子もあり、ボース粒子なら何個でも同時にまったく同じエネルギー状態になることができます。すべての原子が電子と陽子と中性子を含んでいますが、それにもかかわらず、全体としてはボース粒子になる原子もあります。BECの形を取ることができるのは、そうしたボース原子です。

BECをつくる実験では、（ボース）原子の気体、通常はルビジウムかナトリウムを、あらかじめ空気を抜いて真空にした磁気光学トラップのチャンバーに注入します。磁気光学トラップの中で、この気体は、絶対零度より1000分の数度高い温度まで冷却されます。それから、この超低温の気体に電波を照射して、一番高速の原子を取り除きます。この気化冷却（92ページ参照）でもっともエネルギーの大きい原子だけを取り除き、この雲の平均運動エネルギーを大幅に――温度を絶対零度より100万分の数度高い温度まで下げるのに十分なくらい――下げます。これほどの超低温にもかかわらず、気体の原子は凝結して液体になったり、凍結して固体になったりはしません。それは、気体が希薄だからです。1立方センチメートル当たりの原子の数が、固体はもちろん、気体よりもはるかに少ないのです。チャンバーの中央の小さな空間に押しつぶされていたこの気体は、液体や固体になる前に、BECになるのです。

フェムト秒化学とアト秒化学

レーザーと原子の相互作用のおかげで、原子物理学者や化学者は、化学反応についてこれまでにないほどくわしく調べられるようになりました。化学反応を構成する結合や分離の個々の過程（108ページ参照）は、たいへん高速で――フェムト秒（1000兆分の1秒）やアト秒（100京分の1秒）の時間尺度で――行われます。1秒という時間の長さを宇宙の寿命にまで拡大したとすると、1アト秒は、その中のほんの数秒にすぎません。1アト秒は著しく短い時間なのです。

レーザーを使って化学反応を調べる技術は、1990年代に、エジプト出身の化学者アハメッド・ズウェイル（アメリカで活躍）によって開発されました。ズウェイルは、この功績によって1999年にノーベル化学賞を受賞しました。この技術のおもな必要条件は、レーザー光のパルスを可能な限り短くすることです。これは、たとえていえば、ひじょうに高速で動く対象物をカメラでぶれずにとらえるためには、シャッター速度をできる限り短くする必要があるのと同じです。この時間次元における分解能の精度の高さは、走査型プローブ顕微鏡や走査型透過電子顕微鏡が実現した空間次元における分解能に匹敵します。この技術は、原子スケールの過程を精密に調べる別の方法も提供しています。ズウェイルと共同研究者による初期のフェムト秒研究では、まずひじょうに短いレーザー・パルスで化学反応を引き起こしました。その直後に、化学反応に関与した原子や分子の状態を、別の短いパルスを使って精査しました。この「パルス・プローブ」を使うやり方は、いまなお、きわめて短い時間尺度で反応を調べるための基本ですが、現在は研究テーマも多岐にわたっています。また、一部の研究所では、フェムト秒の壁を越えて、さらに短いアト秒のレーザー光パルスを使っています。

超短レーザー・パルスが利用できるようになる前は、化学者は化学反応がどのように進行したかを知るために、生成物をたんねんに調べることしかできませんでした。ちょうど、交通事故の調査官がどんな事故が起きたかを知るために、事故車の残骸を調べて情報の断片を集めることしかできないのとよく似ています。フェムト秒化学やアト秒化学を活用すれば、進行中の化学反応のアニメーションを構成することもできます。これは、事故の瞬間を何度も何度もスローモーションで見るようなものです。

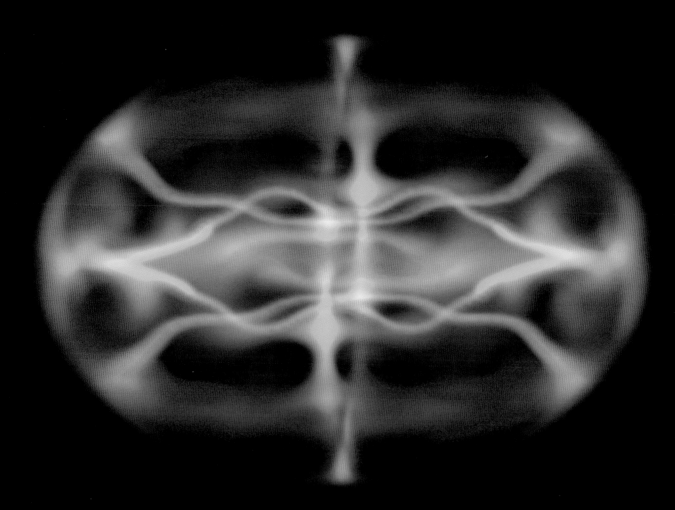

低温の押し込められた原子が**ボース・ア
インシュタイン凝縮体**になりかけたとき
の波動関数のCGシミュレーション。

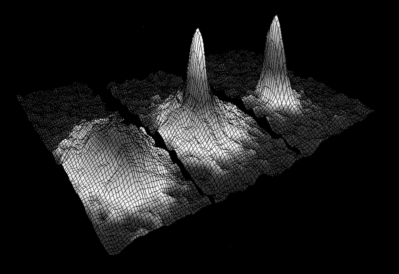

1995年に初めてボース・アインシュタイン凝縮体がつ
くられたときの形成の様子を示すグラフ。磁気光学ト
ラップ内部のルビジウム原子の濃度を色分けして示して
いる。赤は一番濃度が低い。白は、原子が融合してただ
1つの波動関数を共有するようになった部分。

どんな化学反応でも、反応物から生成物ができるまでの間には、原子間結合が切り離されて、まだ新しい結合ができていない中間段階というものがあります。この反応途中の中間生成物は、通常は、1000兆分の1秒（フェムト秒）単位、あるいは100京分の1秒（アト秒）単位でしか存在しません。きわめて短い時間尺度の研究法の開発を主導した科学者は、こうした中間生成物がつくられ、相互作用する過程のダイナミクスについて、いっそうくわしく解明を進めています。パルス・プローブによるフェムト秒やアト秒の研究では、最初のレーザー・パルスでよりエネルギー準位の高い電子を取り除くか、または反応する分子原子間結合を切り離すのに十分なエネルギーを供給します。2番目のパルスで、中間生成物を調べます。通常、どの結合が切り離され、どの電子がどの準位にあるかを確かめるために、電子がどの周波数の光を吸収したかを観察します——つまり、分光法（68ページ参照）が応用されます。パルスとプローブの間隔を変えれば、化学反応がある瞬間から次の瞬間に進む過程を画像化することができます。

短い時間尺度の研究に利用できるさまざまな技術はいまも増えつづけ、基本的なパルス・プローブによるアプローチは、もはや、ひじょうに短い時間尺度において分子の急激な変化を探る唯一の方法ではなくなりました。いま多くの研究者が使っている「自由電子レーザー」（145ページ参照）は、電波からX線までのきわめて広い範囲の周波数で、電磁放射の強力なビームを生成するように調節することができます。反応中間体と生成物を探るために、多くの研究者は電子線回折を利用しています。このプロセスでは、入射によって分子を結合する電子が弾き飛ばされます。この電子はそこにある原子によって回折（50ページ参照）し、スクリーン上に干渉縞をつくります。こうした超高速の電子線回折によって、1オングストローム以内の反応の中間分子に含まれる電子の位置が、見つけられるのです。

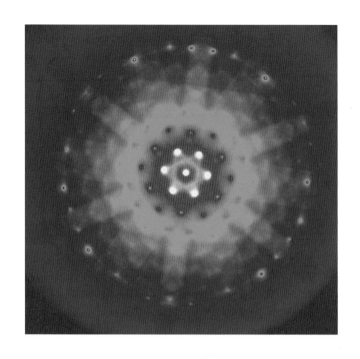

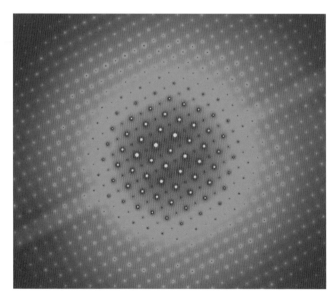

純ケイ素（上）と3酸化モリブデン（下）の電子線回折のパターンを示す電子顕微鏡写真の着色合成画像。超高速の電子線回折では、入射する電子が結晶を乱して、構造をほんの一瞬変化させ、原子間の結合に関する情報を明らかにする。

フェムト秒分光法

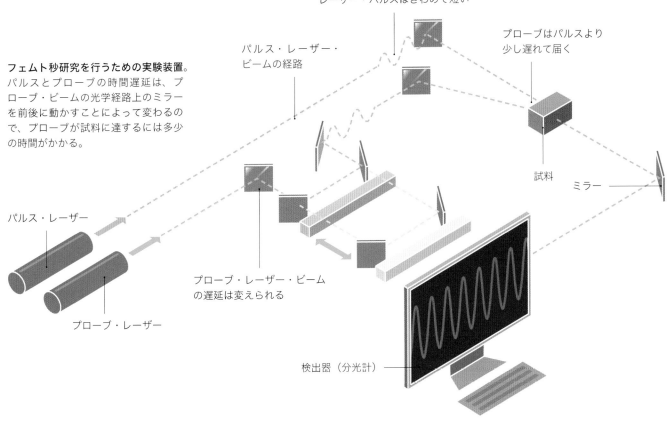

レーザー・パルスはきわめて短い

パルス・レーザー・ビームの経路

プローブはパルスより少し遅れて届く

フェムト秒研究を行うための実験装置。 パルスとプローブの時間遅延は、プローブ・ビームの光学経路上のミラーを前後に動かすことによって変わるので、プローブが試料に達するには多少の時間がかかる。

試料

ミラー

パルス・レーザー

プローブ・レーザー

プローブ・レーザー・ビームの遅延は変えられる

検出器（分光計）

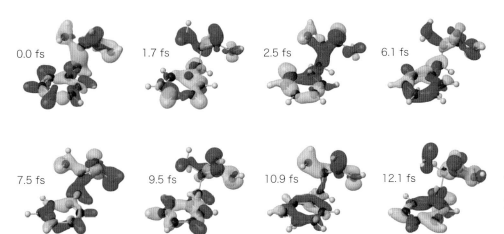

0.0 fs

1.7 fs

2.5 fs

6.1 fs

7.5 fs

9.5 fs

10.9 fs

12.1 fs

フェムト秒分光法を使えば、分子のきわめて速い変化を知ることができる。左の図は、レーザーを照射されたあとのフェニルアラニン分子の分子軌道の変化を表している。全過程に要する時間はわずか12フェムト秒、すなわち1秒の1000兆分の12である。

第6章

原子論を応用した技術

20世紀から21世紀にかけて登場した多くの主要技術は、原子のはたらきへの高度で深い理解がなければ、開発できなかったでしょう。具体的にいうなら、放射能や電子の発見がなく、量子力学が確立されていなかったなら、デジタル革命も起きなかったでしょうし、レーザーも発明されていなかったでしょう。MRI（磁気共鳴断層撮影）スキャナーも、核医学も、原子力も存在していなかったでしょう。この章では、発展を続ける原子論を土台として開発されるテクノロジーを探りながら、解説していくことにします。

現代生活でわたしたちが当たり前のように受け入れている多くのものは、**原子や亜原子粒子の振る舞い**への深く高度な理解がなければ、発明されていなかった。

半導体素子

半導体とは、導体と不導体の中間の伝導性を持つ元素または化合物のことです。半導体の伝導性は、光や熱や電気といったエネルギーを加えることによって高めることができます。また、ドーピングによって伝導性を操作することもできます。ドーピングとは、半導体の結晶構造の中にほかの元素の原子を添加することです。ドーピングした半導体は、デジタル革命を支える電子部品の基本です。

良導体の中では、電子が自由に動き回ることができます。金属の場合、金属結合によって電気がよく伝わります（106ページ参照）。金属原子の原子価殻（一番外側の電子殻）の電子が位置する伝導バンドは、電子がぼやけて連続したエネルギー領域で一体化するほど値が近いエネルギー準位の集合です。

非金属にも伝導バンドはありますが、原子価殻の電子はそこまで行くだけのエネルギーの近くには位置しません。つまり、非金属の場合は、価電子バンド（原子価殻のエネルギー準位の範囲）と伝導バンドの間に大きな隔たりがあるということです。これは、電子がそれぞれの原子と固く結びついているということを意味します。具体的にいえば、電子は、固体を構成する原子の間の共有結合に全力を集中しているということです。

半導体にもバンド・ギャップはありますが、その差はわずかです。半導体に熱を加えたり、光を当てたりすると、一部の電子がエネルギーを与えられ、バンド・ギャップを越えて伝導バンドに入ります。室温でも、一部の電子は伝導バンドに入るのに十分なエネルギーを持ちますから、半導体は不導体よりも高い伝導性を持つのです。

伝導性

固体の場合、多くの原子の電子は、そのエネルギーがほかの原子の存在によって変わり、その結果、精密な値ではなく、許されたエネルギーの「バンド」に融合する（107ページ参照）。結合に関わっている電子のエネルギーは、「価電子バンド」に移る。一定のエネルギー準位以上になると、電子は原子から解放されて自由に動くようになり、電気を通す。こうした電子は「伝導バンド」にある。金属では、価電子バンドと伝導バンドが重なり合うので、金属は電気の良導体になる。不導体の場合、価電子バンドのエネルギーと伝導バンドのエネルギーには大きな隔たりがある。半導体はバンド・ギャップが小さいので、電子は余分にわずかなエネルギーを与えられるだけで簡単に伝導バンドに達する。たとえば、温度を上げたり、光を当てたりすると、半導体の伝導性は上がる。

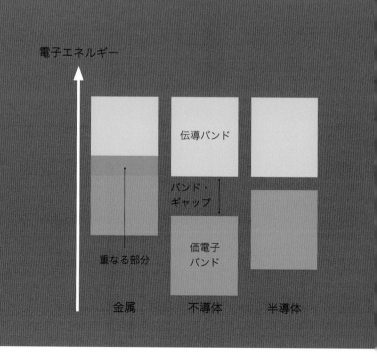

電子エネルギー

伝導バンド

バンド・ギャップ

価電子バンド

重なる部分

金属　　　不導体　　　半導体

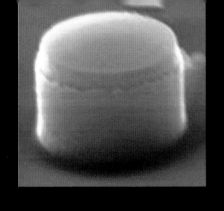

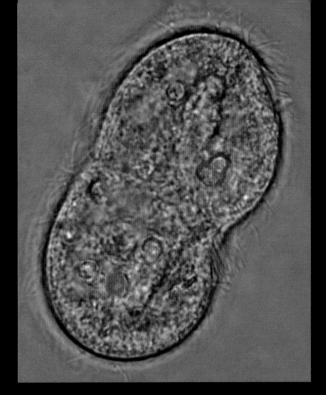

左側の写真2点のような**量子ドット**は将来の電子通信アプリケーションできわめて重要な役割を果たす可能性がある。

乳がん細胞の光学顕微鏡画像（右側）。この細胞は、特定のがん関連タンパク質が活性化しているときに発光する量子ドットを吸収している。

電子は負の電荷を持っていますから、価電子バンドから伝導バンドに上がると、電子ホールまたは正孔と呼ばれる相対的正電荷のところがあとに残ります。電子がエネルギーを失って価電子バンドの低いエネルギー準位に戻ってくれば、電子と正孔は再結合することもあります。伝導バンドで自由になった電子は、負電荷の可動キャリアです。電圧がかかると、電子が動いて電流を生み、入射する電子は結晶内の正孔と結合することができます。

電子正孔対が結合したり、再結合したりすると、放出されたエネルギーは通常、フォノンと呼ばれる振動となって結晶内に消散しますが——その代わりに光子を生み出すこともあります。量子ドットとは、直径数ナノメートルの半導体物質の小さな結晶ですが、励起された電子が結晶内の正孔と再結合するとき、この量子ドットが特定の周波数の光を

発生します。電子が放出する色は、量子ドットの大きさによって決まります。量子ドットはすでに一部のテレビスクリーンで使われており、紫外線を放射されると、明るい純粋色を生み出します。

物質によって、電気をよく通すものもあれば、ほとんど通さないものもあります。物質の電気伝導性は、ジーメンス毎メートル（Sm^{-1}）という単位で測ります。室温では、銅のような良導体は約1000万Sm^{-1}の伝導性があり、硫黄のような不良導体は$1Sm^{-1}$の数分の1程度しかありません。半導体の室温での伝導性は、こうした値の中間——約$1000Sm^{-1}$です。しかし、この数字は温度によって（あるいは半導体が電磁放射を照射されることによって）上がります。というのは、一部の電子がバンド・ギャップを飛び越えて伝導バンドに入るのに十分なエネルギーを与えられるからです。

ドーピング

　エレクトロニクスでもっとも多く使われている半導体は、ケイ素、つまりシリコンです（ゲルマニウムやその化合物、硫化カドミウムなどのそのほかの化合物も一般的です）。

　シリコン原子は原子価殻に4つの電子を持っており、純粋なシリコンの結晶の中で、それぞれの原子はほかの4つの原子と1個の電子を共有することによって、4つの共有結合を形成しています。2つずつの電子で結合しているそれぞれの原子は、合計8つの電子に囲まれ、安定した閉殻配置を取っています（80ページ参照）。ドーピングでは、価電子の数が違う元素を加える場合もあります。これは半導体の伝導性を上げるためです。

　たとえば、リンの原子は5つの価電子を持っています。リンは5価の元素です。通常は共有結合しますが、結晶の中ではときおり——リンの原子があるところではどこでも——結合に加わらない電子が1個残っています。この電子は伝導バンドに近いエネルギー準位を持っており、この余った電子は容易に可動電荷キャリアになって、結晶の中を飛び回ります。5価の元素でドーピングすると、n型半導体ができます。この「n」は負電荷（negative charge）のキャリア（電子）であることから、そう呼ばれています。

　3価元素——原子価殻に3つの電子を持つ元素——を使ってドーピングすると、逆の効果が得られます。たとえば、シリコン結晶にホウ素原子を加えると、それぞれのホウ素原子はシリコン原子と共有結合しますが、結晶構造の中に正孔を残すので、隣り合うシリコン原子との結合は1か所形成されません。結晶内のこの箇所は、ほかのどこからでも容易に電子を受け入れます。隣のシリコン原子からでもかまいません。実質的に、正孔は結晶内を動き回ることができるようになります。3価元素でドーピングすると、p型半導体になります。このpは正電荷（positive charge）のキャリア（正孔）であることからそう呼ばれます。

半導体へのドーピング

シリコン原子は4つ
の価電子を持つ　　　リン原子は5つの
　　　　　　　　　価電子を持つ　　　「余分な」電子は
　　　　　　　　　　　　　　　　結晶内を動き回る

n型、リン不純物を添加

ホウ素原子は3つ　　「正孔」は結晶中
の価電子を持つ　　を動き回る

p型、ホウ素を添加

5価原子をシリコン結晶に添加すると、結晶内を動き回る余分な電子ができて、電流が発生する。3価原子を添加すると、可動電荷キャリアは電子が抜けたところにできる（正電荷を持つ）「正孔」になる。

高純度結晶シリコンは、室温では銀色の固体である。シリコンは典型的な半導体であり、ドーピングによって容易にp型半導体やn型半導体をつくり出せる。

ダイオードのしくみ

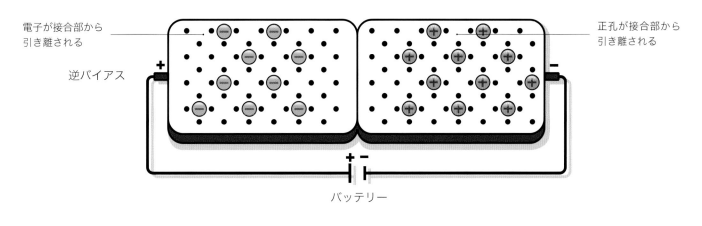

電子が接合部から
引き離される

逆バイアス

正孔が接合部から
引き離される

バッテリー

電子と正孔が結合する

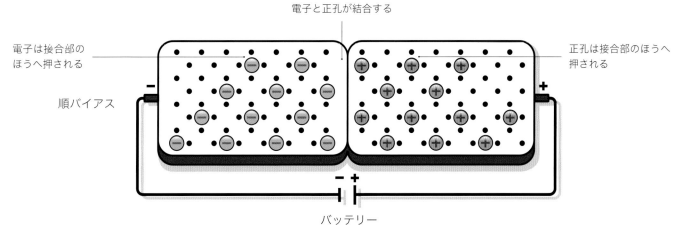

電子は接合部の
ほうへ押される

順バイアス

正孔は接合部のほうへ
押される

バッテリー

ダイオードは接合が反対になった「逆バイアス」では電流を通さない。電子と正孔は逆方向に引っ張られる。「順バイアス」では、電子と正孔は合流して再結合し、バッテリーはそれぞれの荷電キャリアを供給できるようになり、電流が流れる。

この2種類の半導体をつないだp−n接合は、デジタル革命の中心的役割を果たしています。

ダイオード

p−n接合は、もっとも基本的な半導体ベースの電子部品であるダイオードの基礎部分です。バッテリーの陰極をダイオードのn型半導体の側につなぎ、陽極をp型につなぐと、電流が流れます。電子は陰極から押されて接合部を越え、正孔と結合します。同時に、p型半導体でより多くの正孔が生成され、電子はバッテリーの陽極によってダイオードの端から引き寄せられます。しかし、逆向きにつなぐと、電流は流れません。これがダイオードの本質的な特性です。電気はダイオードの中を一方向にしか流れることができません。

材料の入念な選択とドーピングによって、接合部で電子と正孔が結合したときに特定の周波数の光が生じるようにします。すると、このダイオードは発光ダイオード、LEDになります。こうした部品は、ディスプレイや低エネルギーランプなど、多くの電子機器で使われています。半導体のように振る舞う炭素ベースの化合物でつくったLEDを、有機発光ダイオードといい、スマートフォンのディスプレイによく使われています。

　半導体の接合部は、半導体レーザーの核心部分でもあります。低コストの低出力レーザーは、バーコード・リーダーやDVDプレーヤー、レーザー・プリンターなど多くの電子機器で使われています。ほかのどんなレーザーとも同じように、半導体レーザーは、波がすべて同位相の（山と谷が一致した）ビームをつくります。レーザーも、量子物理の理解によって開発された技術です。

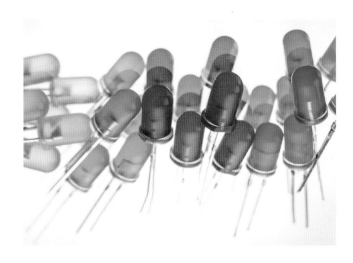

LEDは、低コストで多用途の光源で、ひじょうにエネルギー効率が高く、きわめて迅速にオン・オフが切り換えられる。現代の多くのテレビは、スクリーンにホワイトバックライトを提供するLEDパネルを使っている。OLED（有機LED）のテレビスクリーンはこれとは違い、下の写真のような像をつくるために赤と緑と青の小さなLEDを使っている。こうした低出力のスクリーンは薄くて柔軟性がある。

レーザー

「レーザー（LASER）」という語は、"Light Amplification by the Stimulated Emission of Radiation"（放射の誘導放出による光増幅）の頭文字を取ったものである。普通のLEDや蛍光灯とまったく同じように、半導体レーザーによってつくられる光のそれぞれの光子は、励起された電子がより低いエネルギー状態に落ちるときに失われたエネルギーからつくられる。LEDや蛍光灯の場合、光子の放出はランダムに起きるが、半導体レーザーの場合は、光子が同時に生成される。つまり、光波の振動はすべて山と谷の位相がそろっている。

半導体レーザーの要となるのは、半導体のp型領域とn型領域の中間のドーピングされていない領域である。ダイオードの中を電気が流れるとき、膨大な数の電子がこの中央の領域で励起される。この状況は「反転分布」と呼ばれる（というのは、通常なら、電子はランダムに低エネルギー状態になるからである）。励起された電子はより高いエネルギー状態に

とどまる（1）が、通り過ぎる光子が電子を低いエネルギー準位に落ち込ませる（2）。通り過ぎる光子が引き金になって生成されるそれぞれの光子は、入射光子と完全に位相がそろっている（3）。そのため、この「誘導放出」は光を増幅する効果を持つ。光子が1つしかなかったところに、2つの同じ光子が生じることになる。

別の種類のレーザーも、これと同じように作用する——反転分布のあと、誘導放出によって増幅される——が、「レーザー媒質」と呼ばれる半導体とは別のもの、通常は固体結晶や気体が使われる。もっとも用途の多いタイプのレーザーは、自由電子レーザーで、これはチャンバーの内部をジグザグに飛び交う電子が光を生成するものである。このレーザーは、周波数帯をひじょうに広い範囲にわたって調整できるため、用途が多い。

半導体レーザーの構造（下）とレーザーの一般的な動作原理（右）

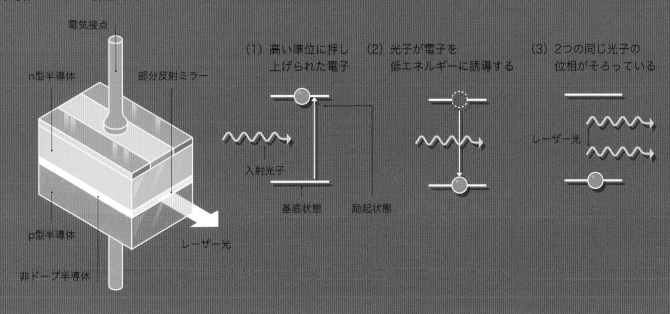

電気接点
n型半導体　部分反射ミラー
p型半導体
非ドープ半導体
レーザー光

（1）高い準位に押し上げられた電子
入射光子
基底状態　励起状態

（2）光子が電子を低エネルギーに誘導する

（3）2つの同じ光子の位相がそろっている
レーザー光

トランジスタ

典型的な半導体部品といえば、トランジスタ――と何十億ものトランジスタを搭載するコンピュータ内部のマイクロプロセッサ――です。トランジスタには、おもに2つの機能があります。まず1つは、わずかな入力電流をコピーして、大きな変動する電流を生成できるということです。つまり、トランジスタは信号を増幅できるのです。2つ目は、ダイオードのように電源の極性を切り換えなくても、2つの異なる状態――オン（電流を通す）とオフ（電流を通さない）――を切り換えられるということです。この「オン」と「オフ」の状態は、二進法の2つの数字「0」と「1」を表すことができます。そのために、トランジスタがデジタル革命の中心的役割を果たしているのです。

トランジスタのもっとも一般的なタイプ、なかでもコンピュータなどのデジタル・デバイスに使われているタイプは、電界効果トランジスタ（FET）です。トランジスタの中を流れる主電流は、「ソース」と呼ばれる端子からもう1つの「ドレーン」という端子に流れます。この電流は、ゲートと呼ばれる端子にかける電界によって、コントロールする――通常はオンとオフを切り換える――ことができます。トランジスタの中を流れる電流を、ホースの中を流れる水にたとえてみましょう。ゲートに生じる電界は、指でホースをつまんだり、ゆるめたりして、水を止めたり、流したりするようなものです。FETのもっとも一般的なタイプは、金属酸化膜半導体電界効果トランジスタ（MOSFET）です。この名称は、トランジスタの本体を、二酸化ケイ素などの別の素材で絶縁した金属でできていることからつけられました。

MOSFETは、n型またはp型の半導体からできていて、ソースとドレーンは反対のタイプの半導体（n型またはp型）からできています。これは、2つのp－n接合を左右対称に並べたようなものです。2つのダイオードを鏡に向き合うように横向きに並べたものなので、トランジスタに電流は流れません。ゲートに電圧をかけると、トランジスタのボディの内部に電界が生じて、電子や正孔が（電圧によって）ゲートのほうへ引き寄せられます。この電荷キャリア（電子または正孔）は、電流がソースからドレーンまで流れるためのチャネルを提供します。この切り換え処理は、マイクロプロセッサの何十億というトランジスタの内部で、毎秒何万回も行われています。このようにして、コンピュータは二進法の「0」と「1」を操作して、命令や、英数字や音声や画像などのデジタル化されたデータを表します。

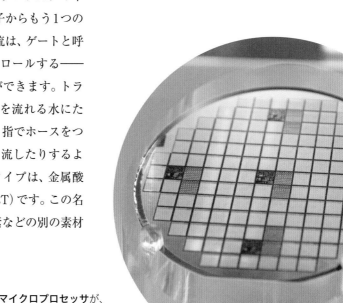

数十個の正方形マイクロプロセッサが、シリコンの円形ウエハーの上で同時につくられる。この1つひとつのマイクロプロセッサは、何十億もの極小のMOSFETトランジスタを搭載している。

MOSFETのしくみ

　金属酸化膜半導体電界効果トランジスタは、2つの異なるドープ半導体領域を内部に持つドープ半導体の「バルク」でできている。右のイラストでは、バルクはp型半導体（赤）で、ほかの2つの領域はn型（緑）である。3つの電気接続のうち、ソースはバッテリーの負端子と接続され、ドレーンは正端子に接続されている。ゲートは正負のどちらにもなりえるが、電圧はまったくかかっていない。

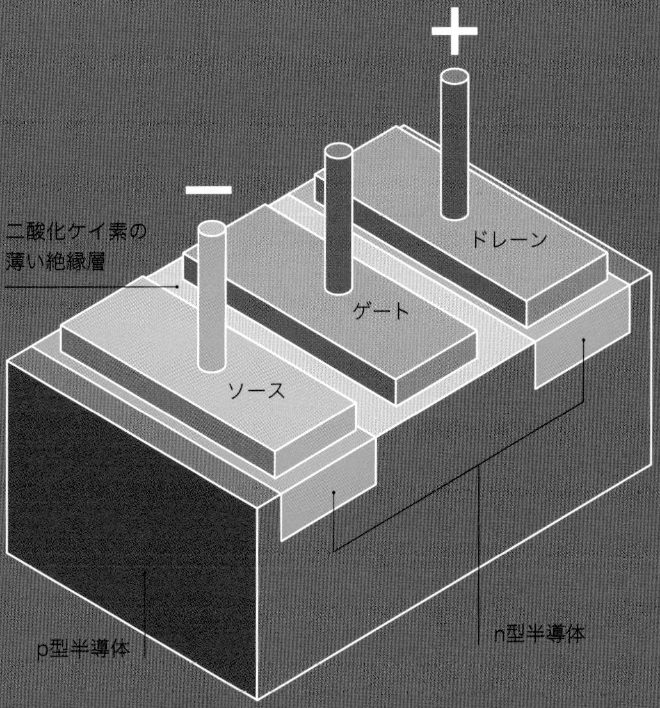

二酸化ケイ素の
薄い絶縁層

ドレーン

ゲート

ソース

p型半導体

n型半導体

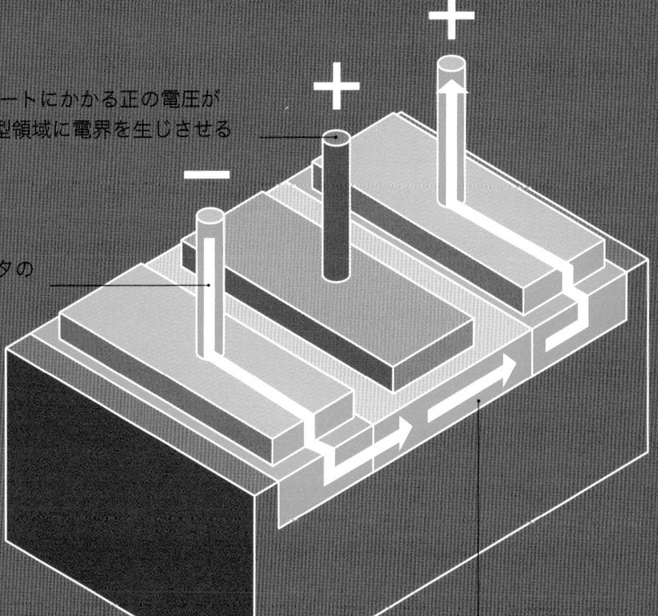

　上のイラストは**トランジスタ**が「オフ」の状態。2つのn型領域の間のバルクに自由な電子がないため、電流が流れない。下のイラストでは、ゲートに正の電圧がかかっている。その結果、p型のバルクの中に電界が生じ、この電界が電子をゲートのほうに引き寄せる（電子はゲート自体の中を流れることはできない。ゲートとp型バルクの間に二酸化ケイ素の絶縁層があるからである）。ゲートの近くに生じた電子は、2つの隣り合うn型領域にとって適切な電荷キャリアとなり、電子の連続した流れがソースからドレーンに流れる。つまり、トランジスタはオンの状態になる。

ゲートにかかる正の電圧が
p型領域に電界を生じさせる

電子がトランジスタの
中を流れる

ゲートの下の電界が電子を
p型領域に引き寄せる

磁気

人間は、2000年以上前から磁気の利用法をいろいろ試してきました。しかし、科学者が磁気のはたらきを理解し、その可能性を十二分に活用できるようになったのは、つい前世紀くらいからのことです。わたしたちにとってなじみのある磁気は、「スピン」という電子の特性が大きく関わっています。しかし、最新の技術の中には、電子ではなく、原子核の「スピン」に関わったものもあります。なかでも注目すべきなのが、MRI（磁気共鳴断層撮影）スキャナーです。

磁気とは何か

マグネットを冷蔵庫のドアにくっつけている力や電気モーターを回転させる力は、どちらも磁気の作用によるものです。磁力は、磁場によって伝えられます。冷蔵庫のマグネットの場は、マグネットを構成しているごく小さな結晶の弱磁場、つまり磁区のすべてが集合したものです。モーターの内部には相互作用する2つの磁場があり、少なくともその1つは、電線コイル内の電流によって生じています。モーターの電線の中を駆け巡る電子は、たとえば紙の本よりも、冷蔵庫のマグネットのほうと近い関係にあります。マグネットの磁気は、原子内部の電子によって生じるからです。とはいうものの、この2つの例には深い関わりがあります。どちらのケースも、磁場は電荷を運ぶ粒子によって発生していて、これはすべての磁場にあてはまることです。

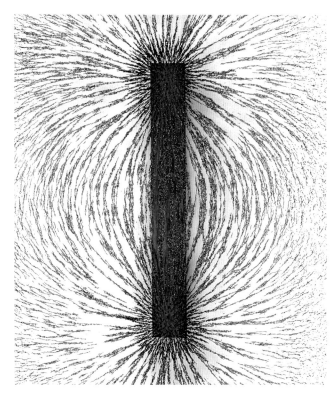

鉄の削りくずは、永久磁石の磁場の中で磁化され、互いに引きつけ合い、磁場そのものを視覚化する。（上の写真のような）鉄の削りくずといった磁性物質の内部では、磁区と呼ばれるごく小さな磁性領域が、通常はランダムな方向に向いている（下の左の図）。磁場の中ではその磁区が一方向に向けられる（下の右の図）。

非磁化　　　　　　　　　　　磁化

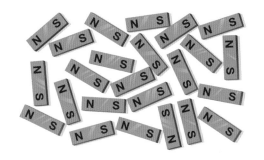

単一原子は、個別に自身の磁場を持つことができますが、これは原子を構成する各部分が持つ磁場を総合したものです（中には、原子核と電子の磁場がほとんど打ち消し合っている原子もありますが、実際にはほとんどがごく小さな磁石です）。原子のまわりの磁場は、電子がもっとも大きな役割を果たしています。原子核のまわりを回る電子の軌道運動は、回転する電流と同じで、モーターの電磁石コイルに似ています。ただし、量子力学にしたがえば、電子は確率の雲（34ページ参照）の中に存在していて、実際には、惑星が太陽のまわりを回るように原子核のまわりを回っているわけではありませんが、電子が軌道運動をしているのと同じ効果を生じます。

また、電子には「スピン」という性質があり、これが電子自体の磁場をつくっています。スピンという用語は、1920年代の実験の結果からつくられたもので、このとき電子は軌道運動以上の磁気効果を持つことがわかりました。物理学者たちは、地球が自転するように、電子は自身の軸を中心に回転する電荷の小さな球体ではないかと考えました。こうした説明は事実と一致しないことがわかっています。実際には、「スピン」は、場の量子論（第7章参照）の力学を抜きにしては容易に理解できない、すべての亜原子粒子の固有特性です。

鉄は、もっともありふれた磁性物質です。鉄（またはほとんどが鉄でできたスティール）は簡単に磁石にくっつきます。磁区の場（鉄の中の小さな結晶で、それぞれの中で鉄の原子の磁場が一方向に並んでいます）は向きがランダムなので、その鉄全体としては磁場がありません。しかし、鉄の内部に磁場が存在すると、鉄の磁区の磁場が同じ方向に向き、鉄は磁化します。すると、永久磁石と鉄がくっついて、それぞれの磁場が相互作用します。

スピン

スピン（もっと正確にいえばスピン角運動量）という量子力学的な特性は、コマが回るような回転とは違う。スピンはすべての粒子の固有特性である。エネルギーと同じように、スピンも量子化される。スピンは特定の値しか持つことができない。電子のスピンは$+\frac{1}{2}$か$-\frac{1}{2}$（量子力学のために導入された単位）、すなわちスピンアップまたはスピンダウンのどちらかである。同じ軌道を共有する電子は、スピンを別にすれば、まったく同じ量子状態にある。だから、電子はそれぞれの軌道を許され、スピンの方向だけが違っている。定員が2つの軌道が満員の場合、2つの電子の磁場は相殺される。しかし、軌道上に電子が1つしかない——不対電子の——場合、その電子は磁場を持っている。ほかの粒子もスピンしている。たとえば、陽子や中性子も、半整数のスピン（$-\frac{1}{2}$または$+\frac{1}{2}$）を持っている。このスピンは、陽子や中性子の構成要素であるクォークやグルーオンがスピンを持っているからである。光子は1のスピンを持っているが、電荷がないので、磁場もない。

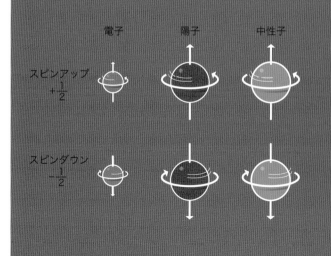

	電子	陽子	中性子
スピンアップ $+\frac{1}{2}$			
スピンダウン $-\frac{1}{2}$			

鉄は、その原子が磁気を帯びているので、磁区を持っています。鉄は不対電子を持っています。ほとんどの原子の場合、不対電子はイオン結合や共有結合（98ページ参照）によって対になりますが、鉄（や多くの金属）の不対電子は、エネルギー準位が原子価殻より低いので、結合に関わりません。こうした電子は不対電子のままで、スピンの向きが一方向にそろっているため、原子は（比較的）強い磁場を持つことになります。

磁場が生じる原因について、そして電子配置と周期表の構造との関連について、いっそう理解が深まった結果、20世紀には強力な磁石が開発されました。具体例としては、1950年代から、磁石メーカーは周期表のf族の希土類金属（レアアースメタル）を使うようになりました（85ページ参照）。ネオジムは、もっとも一般的に利用される磁性希土類金属です。ネオジムは、鉄やホウ素と混ぜて合金にし、ハードディスクの駆動モーターや、風力タービンの発電機や、電気自動車のエンジンに使われています。ネオジムの原子は7つの不対電子を持っていますから、ネオジム磁石は永久磁石の中

ではもっとも強い磁力を持ちます。そのため、ほかの磁化可能な物質よりもずっと小さなサイズにすることができます。

核磁気

原子核も微小な磁石として作用します。原子核を構成する陽子と中性子がスピンを持っているからです。陽子は、そのまわりの軌道にいる電子と同じように、同じエネルギーを持つほかの陽子と対になります。そして、中性子はほかの中性子と対になります。対をなす陽子や中性子は、スピン以外は、同じ量子状態にあります。スピンは、一方が「アップ」で、もう一方が「ダウン」になります。対になった2つの陽子または2つの中性子の磁場は、相殺されます。これは対になった電子と同じです。ですから、偶数の陽子と偶数の中性子からなる原子核は、どれもみな全体としては磁場がありません。一方、そうでない核種も数多くあり、それらはたしかに磁場を持っています。原子核の磁場は、ただ1個の電子よりもはるかに弱いものですが、状況によっては、生産的方法で利用することもできます。

強い磁場の中に物質を置くと、ほとんどの原子核のスピンは磁場に合わせて向きをそろえます。そのうえ、それぞれの原子核は「歳差運動」をします。つまり、ジャイロスコープやゆっくり回るコマのように、回転軸が円を描くように運動するのです。歳差運動の周波数は、原子核の陽子と中性子の総数と外部磁場の強さによって決まります。この歳差運動と同じ周波数の電磁放射のパルスを物質に照射すると、

風力タービン内部の強力な永久磁石は、ネオジム・鉄・ホウ素の合金でできている。タービンのブレードが回転すると、この磁石が固定された電線コイルのまわりを回り、電線の中に電流を誘導する。

核スピン

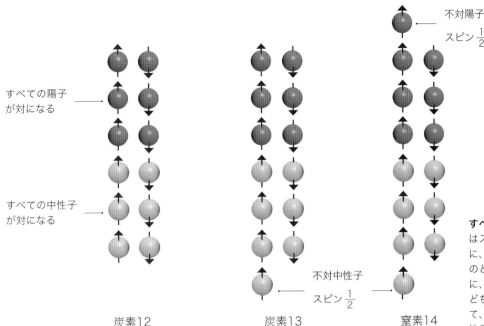

すべての陽子が対になる

すべての中性子が対になる

不対陽子
スピン $\frac{1}{2}$

不対中性子
スピン $\frac{1}{2}$

炭素12
スピン0

炭素13
スピン $\frac{1}{2}$

窒素14
スピン1

すべての陽子と中性子はスピンアップまたはスピンダウンしている。電子と同じように、陽子と中性子も反対のスピンを持つものと対になろうとする。炭素12と同じように、原子核を構成する陽子と中性子の数がどちらも偶数なら、粒子の磁場は相殺されて、原子核全体では磁場がない。陽子と中性子のどちらかの数が奇数なら、原子核は磁場を持つ。

多くの原子核はスピンの軸を90度または180度変化させます。この作用は、放射の周波数と歳差運動の周波数が一致したときにだけ起きるので、これは共振（共鳴）の一例です。日常的経験の中から例を挙げると、ブランコが揺れるたびに乗っている人をタイミングよく押して、ブランコの振幅を大きくするのが共振です。また、大きな声で歌うと、ワイングラスが振動して割れることがありますが、これも共鳴によるものです。ワイングラスを指で弾くと、一定の周波数で振動しますが、この振動はワイングラスの大きさとグラスの厚みで決まります。ワイングラスが振動で割れるのは、「共鳴周波数」で歌った場合に限ります。原子核の共鳴周波数で核スピンを弾くと、これと同じ作用がはたらきます。これを、核磁気共鳴（NMR）といいます。電波が原子核に当たると、原子核は弾かれるだけでなく、周波数に合わせて歳差運動をします。

電波パルスが止まると、原子核は「リラックス」して、元の位置に戻ろうとします。原子核は一気に揺り戻すのではなく、少しずつランダムに戻ろうとします。このとき、原子核は電波信号を放出します。原子核が完全にリラックスして元に戻るまでにかかる時間は、その物質のタイプによって決まりますから、物質のタイプを識別するのに利用できます。電波パルスが止まったあと、原子核はまた別の形で「リラックス」しようとします。電波に同期して歳差運動している原子核は、同期から解放され、再び位相がずれていきます。その原因の1つは、近くにあるほかの原子との相互作用です。位相が一致しているとき、歳差運動する原子核は強い電波信号を放出しますが、同期がなくなると、この信号は弱くなります。このリラックスにかかる時間も、近くにある原子によって決まりますから、その物質の性質に左右されます。NMRのもっとも重要でもっとも広く利用されている用途は、MRI（磁気共鳴断層撮影）です。MRIは、人体の内部構造の詳細な3次元映像をつくり出し、異なる組織のタイプを鮮明に見分けられるようにします（次ページの囲み参照）。

MRI

　病院の放射線医は、MRIスキャナーの核磁気共鳴を使う。強い磁場が磁性核の向きをそろえて、歳差運動させ、連続した電波パルスが原子核を弾く。共鳴周波数を水素原子の原子核周波数に合わせる。水素原子は、ほとんどの生体細胞に含まれている。弾かれた原子核の振動がおさまるまでに要する時間と、原子核が歳差運動の同期を失うまでに要する時間は、組織のタイプの特徴を示す。つまり、組織によって水素の濃度が異なる（水を多く含む組織は水素の濃度が高いため、全体として信号が強くなる）。

　2つの磁場を互いに直交させると、その強さが、患者の体長や呼吸や奥行きによって変わる。この変動は、体内のあらゆる箇所の共鳴周波数のわずかな違いを生み、各ポイントからの信号にわずかな差を生じさせる。コンピュータがこの信号を分析して、どんな組織がどのポイントにあるかを示す3次元映像を生成する。

人の頭部をMRIで撮ったスライス画像の着色合成画像。組織のタイプの違いが見て取れる。骨は青い部分、ニューロンに富む脂質を含む脳組織はオレンジと赤、そのほかの部分は紫である。

電波周波数コイル

主磁気コイル

検査台

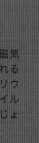

MRIスキャナーの略図。主磁気コイルは、自由に電流が流れるようにするために、液体ヘリウムに浸されている。このコイルは超電導コイルであり、ひじょうに強力な磁場を発生する。

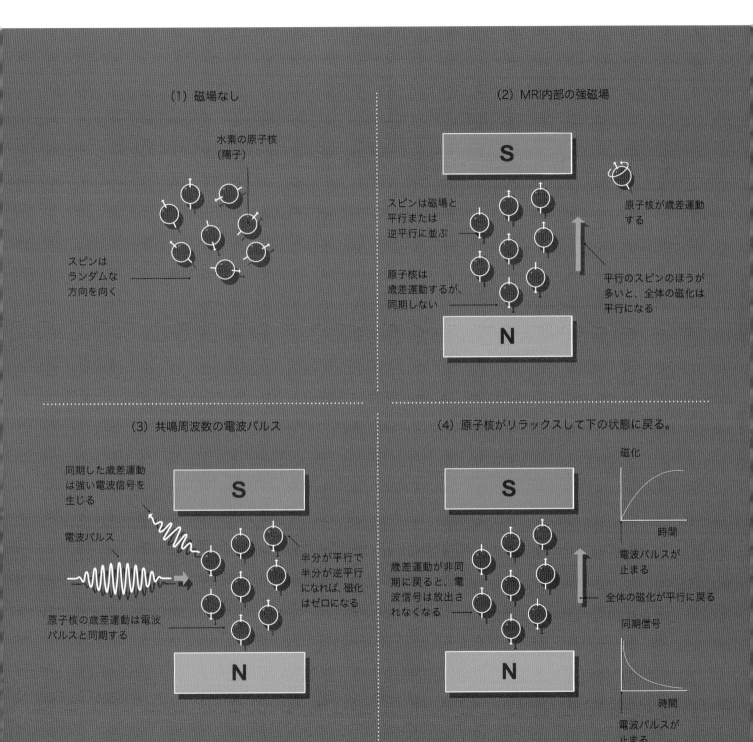

(1) 磁場なし

水素の原子核
（陽子）

スピンは
ランダムな
方向を向く

(2) MRI内部の強磁場

S

スピンは磁場と
平行または
逆平行に並ぶ

原子核は
歳差運動するが、
同期しない

原子核が歳差運動
する

平行のスピンのほうが
多いと、全体の磁化は
平行になる

N

(3) 共鳴周波数の電波パルス

S

同期した歳差運動
は強い電波信号を
生じる

電波パルス

原子核の歳差運動は電波
パルスと同期する

半分が平行で
半分が逆平行
になれば、磁化
はゼロになる

N

(4) 原子核がリラックスして下の状態に戻る。

S

歳差運動が非同
期に戻ると、電
波信号は放出さ
れなくなる

全体の磁化が平行に戻る

N

磁化

時間

電波パルスが
止まる

同期信号

時間

電波パルスが
止まる

放射能

20世紀になって、科学者は、放射性物質の危険性と潜在的な用途を認識するようになりました。多くの用途で利用されるのは、放射性物質によって生成される粒子と放射線です。たとえば、さまざまな病気の診断と治療のために、放射線と人体との相互作用は、このうえなく重要です。しかし、中には、原子核の崩壊によって発生する熱だけを利用するものもあります。

放射性核種は、陽子と中性子の不安定な組み合わせです。不安定な原子核は、アルファ粒子やベータ粒子、ガンマ線（61ページ参照）を放出することによって「崩壊」し、より安定した状態になります。こうした放射は、原子から電子を弾き飛ばしてイオンをつくるので、電離放射線といいます。

医療に応用される放射線

がんを治療するある種の放射線療法では、放射性物質を使います。電離放射線は、腫瘍の中や周辺の細胞のDNAにダメージを与えます。がん細胞は、正常組織の細胞のように、自己修復することができません。治療のための放射線は、放射性医薬品と呼ばれる薬によって体内から照射します。放射線療法は、高出力のX線を使う場合もあります。こうした放射線は、放射性物質から放出される放射線と同じような効果をDNAにもたらします。通常、放射性医薬品は、アルファ崩壊する放射性核種を含んでいます。放出されたアルファ粒子は、高いイオン化力を持っていますが、届く範囲が狭く、効果が局所的だからです。

家庭で利用されるイオン化

ほとんどの家庭用煙感知器には、アメリシウム241という小さな核種が内蔵されている。アメリシウムは、感知器の中の空気をイオン化するアルファ粒子の流れを絶えず生成する。イオン化された空気の中には、微量の電流が流れる。そこに煙の粒子が入ると、アルファ粒子が吸収されて、空気はイオン化されなくなり、電流が遮断されて、アラームが鳴る。これは、ガイガー・ミュラー管（放射能測定器）とは逆のしくみである（60ページ参照）。右のマークは電離放射線の国際ハザード・シンボルである。

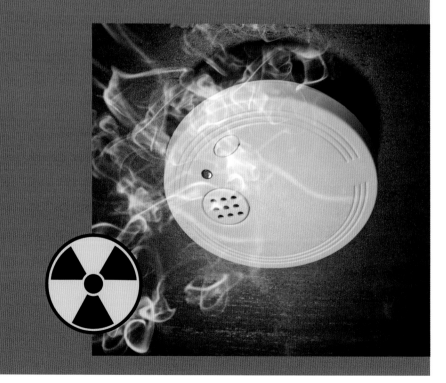

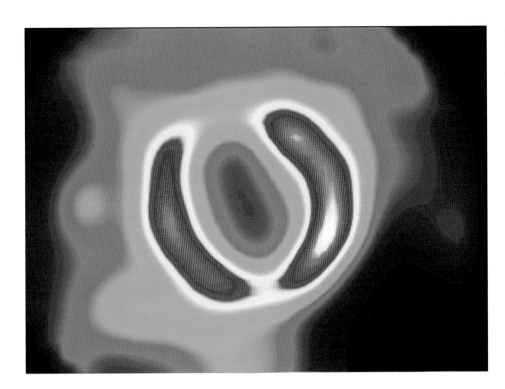

心臓発作の直後に撮った、患者の**心筋の血流**を示すスキャン映像。スキャンの前に、放射性核種のテクネチウム99mが注射される。

小さな放射線源（ヨウ素125、下の画像の赤い部分）を強調するCTスキャン。限局したがんを治療するために、患者の前立腺に外科的に挿入したもの。

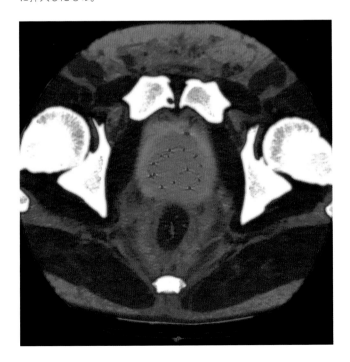

　しばしば医師は、放射性医薬品を腫瘍の中や近くに注射したり、外科的に挿入したりします。これを小線源療法といい、乳がんや前立腺がん、子宮頸がんの治療によく使われます。これとは別に、放射線を腫瘍に照射する方法もあります。たとえば、リン32を含む皮膚用パッチ剤は、皮膚がんの治療に使うことができます。

　多くの放射性医薬品は、治療ではなく、診断の補助として、通常は血流を映像化したり、腫瘍の形状を画像化したりするために用いられます。化合物に放射性核種を添加すると、ある種の腫瘍に選択的に吸収され、放射性トレーサーの役目を果たします。この核種は、注射や経口薬で投与したり、ガスで吸入したりすることができます。この場合、放射性核種は通常、ガンマ線を放出します。ガンマ線のほうがアルファ粒子やベータ粒子よりも電離効果が小さいため、生体細胞に作用しないで、大部分が体外に出ていくからです。ガンマ線を検知すれば、問題の場所の画像をつくることができます。

崩壊熱

　放射性物質から放出された放射線が外に出ていかずに物質に吸収された場合には、最終的に熱に変わります。あなたが立つ地面のはるか下では、ウランやトリウム、そのほかの重元素の天然放射性同位体が生み出す大量の熱が、地球のマントルの岩をつねに融解状態にして、構造プレートを動かし、地熱エネルギーの究極の発生源になっています。もっと小さな規模では、発電所の廃止後も何年もの間、使用済み核燃料の残留放射能が熱を生み出しつづけます。小さなプルトニウム238のブロックの内部でも、そのブロックを赤熱させるのに十分な熱が発生します。

　宇宙飛行のエンジニアは、2つの方法で崩壊熱を利用します。月や火星に着陸する宇宙探査機は、放射性同位体加熱ユニット（RHU）を積んでいます。こうした小型装置は、ポロニウム210やプルトニウム238などの放射性同位体を数十グラム内蔵しています。それらの物質が生み出す数ワットの熱は、月や火星の夜の凍りつくような寒さから、搭載した電子機器を保護するには十分です。多くの宇宙探査機は、電力供給のために崩壊熱に依存しています。とくに、太陽系のはるかずっと遠くまで行くと、太陽電池パネルでは、探査機内の電気系統に電力を供給するための十分なエネルギーを生み出せなくなります。こうした探査機に積まれている放射性同位体熱電子発電機（RTG）の内部では、サーモカップルの列が電圧を発生させます。サーモカップルとは、異種金属を接合したもので、一方の金属ともう一方の金属の間に温度差があると、電圧が発生します。RTGの中では、接合された一方の金属が冷たい宇宙のほうに向けられ、もう一方が放射線源（通常はプルトニウム238）の近くに置かれています。冷蔵庫くらいのサイズのRTGで数百ワットをつくれますが、この数字は、放射能が弱まるにつれて、時間とともに低下します。

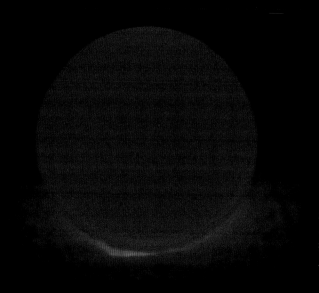

プルトニウムの球体は、その内部で起きている無数の放射性崩壊によって放出されるエネルギーによる加熱効果のために、自然に赤熱する。

準惑星の冥王星に接近する**宇宙探査機ニューホライズンズ**の想像図（次ページ、冥王星の後ろにはその衛星のカロンが見える）。ほとんどの宇宙探査機と同じように、ニューホライズンズも、内蔵した放射性同位体の崩壊熱で発電する放射性同位体熱電子発電機を積んでいる。太陽から遠く離れているので、太陽電池パネルではほとんど電力を生み出せない。

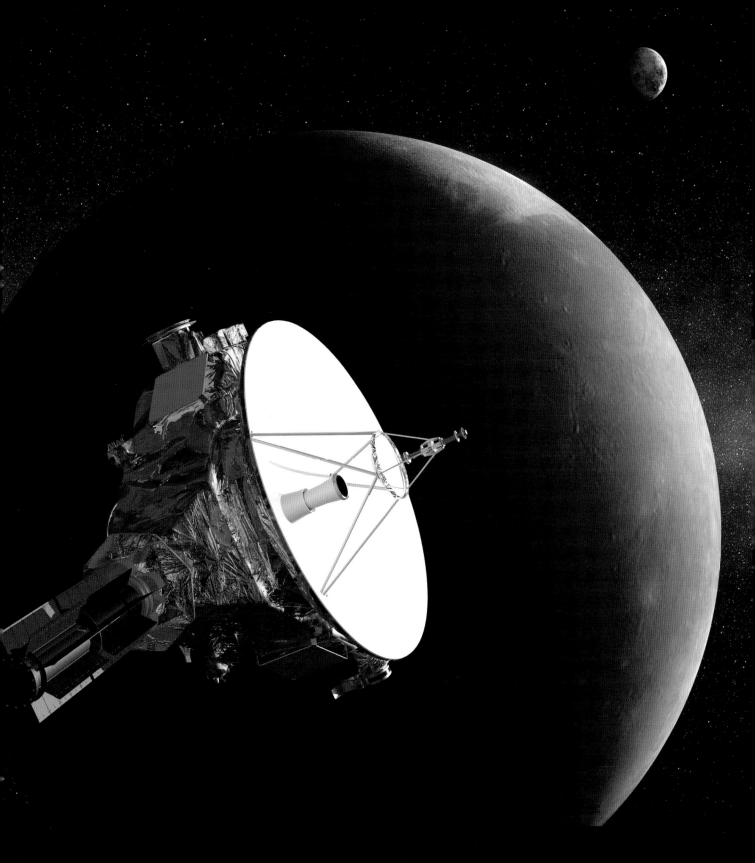

放射能　　**157**

放射性年代測定

　日常生活よりも学術研究と関係があるもう1つの放射能の応用法は、放射性年代測定です。これを用いれば、地質学的試料や考古学的試料の年代を推定することができます。時がたつにつれて、試料に含まれている不安定な元素は崩壊していきます。これを利用すれば、まだ崩壊していない核種と崩壊生成物の比率を測定して、試料の年代を知ることが可能になります。放射性年代測定の中でももっとも一般的なものが、放射性炭素年代測定法とカリウム・アルゴン年代測定法です。

　放射性炭素年代測定法は、ずっと前に死んだ生物の生体物質の年代を測定するために用います。これは、生物は生きている間は炭素を摂取するが、死後は摂取しない、という事実に基づいています。植物は光合成で炭素を取り込み、動物は光合成をしてきた植物を食べることによって炭素を吸収します。生物が生きている間に同化する炭素には、わずかな比率で放射性核種の炭素14が含まれています。炭素14は、宇宙から降り注ぐ宇宙線が大気の原子とぶつかって自由中性子が生じるときにつくられます。

　こうした中性子が窒素14（陽子数7、中性子数7）とぶつかると、炭素14（陽子数6、中性子数8）と自由陽子になります。炭素14は、大気中で一定の比率でつねにつくられます。炭素14はベータ崩壊（60ページ参照）して窒素14に戻りますが、その半減期は約5700年です。

電動ヤスリを使って、化石化したヒトの頭蓋骨の断片から試料を取っている。削り取られた粉末に含まれる**炭素14**を検査して、この人間がどれくらい前に死んだかを推定する。

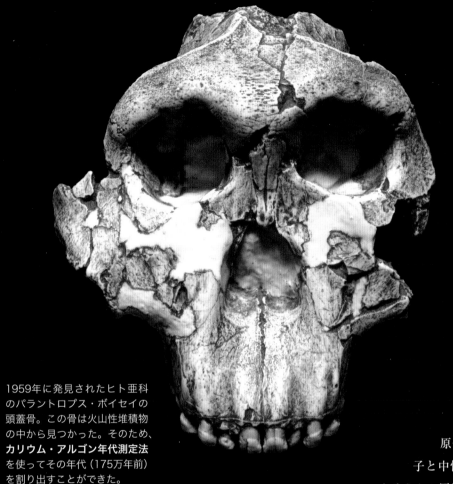

1959年に発見されたヒト亜科のパラントロプス・ボイセイの頭蓋骨。この骨は火山性堆積物の中から見つかった。そのため、**カリウム・アルゴン年代測定法**を使ってその年代（175万年前）を割り出すことができた。

カリウム・アルゴン年代測定法は、天然に存在する核種のカリウム40が不安定であることを利用しています。カリウム40の約90パーセントは、ベータ崩壊してカルシウム40になります。カルシウム40は安定したありふれた元素なので、放射性年代測定にはまったく役に立ちません。しかし、カリウム40のうち約10パーセントは電子捕獲という別の作用で崩壊します。その名が示す通り、電子捕獲とは原子核が電子を吸収することです。この電子は陽子と結合して、中性子になります。その結果、原子番号が1つ減りますが、原子質量（陽子と中性子の合計）はまったく変わりません。カリウムの原子番号は19で、原子番号が（1つ少ない）18の元素はアルゴンです。だから、カリウム40の原子核が電子を捕獲すると、アルゴン40の原子核になるわけです。アルゴンは貴ガス（80ページ参照）なので、ほかのどんな元素とも化学反応を起こしません。もしアルゴンが、岩の中にあるカリウム原子の放射性崩壊によってつくられたのなら、岩の結晶構造の中に閉じ込められます。カリウム・アルゴン年代測定法は、溶岩が固まってできた火成岩の年代測定に有効です。岩が固まる前なら、すでに含まれていたアルゴンは抜け出すことができますが、固まったあとに新たにできたアルゴンは閉じ込められてしまいます。そのために、岩がどれくらい昔にできたかを推定できるのです。ここでも、試料の岩に含まれるアルゴン40とカリウム40の比率を測定するために分光分析が使われます。

生物は、生きている間はつねに炭素14を補充していますから、体内には大気中と同じ比率で炭素14が存在しています。しかし死んでしまうと、もうその生き物はそれ以上、体内に炭素14を貯め込めませんし、炭素14は崩壊します。したがって、まだ崩壊していない炭素14と普通の炭素、つまり非放射性の炭素12の比率を測定すれば、その生物がどれくらい前に死んだかがわかります。こうした測定は通常、質量分析計（69ページ参照）を使って行われます。放射性炭素年代測定法を使えば、死んだ標本の骨やそのほかの断片の年代とともに、先史時代の建物や衣類に使われていた有機材料の年代を測定することも可能です。

核反応

　医療や宇宙飛行に利用される放射性核種の大部分は、原子炉でつくられます。すべての商用原子炉で起きているのは、核分裂です。核分裂では、重い原子核が分裂して、より小さな断片に変わり、大量のエネルギーと放射性の副産物が放出されます。しかし、これとは別に、核融合という核反応もあります。核融合は、将来的にはほぼ無尽蔵のエネルギー生産手段になるだろうと期待されています。

核分裂

　原子核の構造と振る舞いについて本格的な研究が始まったのは、1920年代です。1930年代には、ある程度の大きさがある不安定な原子核が、たんにアルファ粒子やベータ粒子やガンマ線を放出するだけでなく、割れてかなり大きな断片になる——つまり分裂する——ことがわかってきました。核分裂は自発的にも発生しますが、不安的な原子核に中性子が衝突した場合にも誘発されます。大きくて不安定な原子核が分裂すると、自由中性子が放出されますから、この作用は連鎖反応になります。この作用では、新たに放出された中性子が近くにある別の原子核を分裂させ、その原子核が分裂するときにさらに中性子を放出します。連鎖反応が始まり、持続するには、十分な量の不安定な原子核がありさえすればよいのです。そのため、これ以下では連鎖反応が起きない、という臨界質量というものがあります。

　核分裂でできた娘核は、分裂前の元の不安定な原子核よりもエネルギーが小さくなります。連鎖反応が続いて臨界質量となっている核分裂性物質のかたまりの中では、核分裂片の反跳と中性子の運動という形で大量のエネルギーが放出されます。原子力発電所にある原子炉の炉心内の水を沸騰させたり（この蒸気が発電機を動かす動力になります）、原子爆弾の壊滅的な大爆発を起こしたりするのに十分なエネルギーをすばやく放出します。

　原子炉ではウラン235が、原子爆弾ではウラン235または

プルトニウム239が、もっとも一般的に利用される分裂性核種です。とはいえ、一部の原子炉では、トリウムが使われています。地殻にはウランよりも豊富なトリウムが埋蔵されていますし、トリウム原子炉でつくられる放射性廃棄物は、ウラン原子炉のものよりも寿命が短いのです。しかし、トリウム原子炉を使うのは技術的に難しい問題があり、そのためあまり普及していません。

メンテナンス中の原子炉の炉心。運転中の炉心は高圧の水で満たされて、沸騰しないようになっているが、その熱はタービン発電機を動かす蒸気となる別の水を沸騰させるために利用される。

核分裂の連鎖反応

不安定核種（ここではウラン235）が中性子を吸収すると、より小さなサイズの2つの断片——2つの小さな核種——に分裂する。ウラン235の場合、たとえばクリプトン92とバリウム141になることもある。このとき、エネルギーが放出される。小さな核種の結合エネルギー（41ページの囲み参照）は、大きな核種の結合エネルギーよりも小さいからだ。ただし、92と141の合計は233だということに注意してほしい。吸収された中性子を合わせると、分裂前に合計で236の核子が存在する。だから、中性子が3つ存在することになり、近くにほかのウラン235原子があれば、こうした中性子はさらに核分裂を引き起こす。この作用がたちまち連鎖反応となって、

大量のエネルギーを急激に放出することは、容易に理解できる。原子炉の中では、この連鎖反応が、自由中性子の一部を吸収する素材でできた制御棒を挿入することでコントロールされる。原子爆弾の場合は、この連鎖反応が弱まることなく続き、破滅的な結果をもたらす。

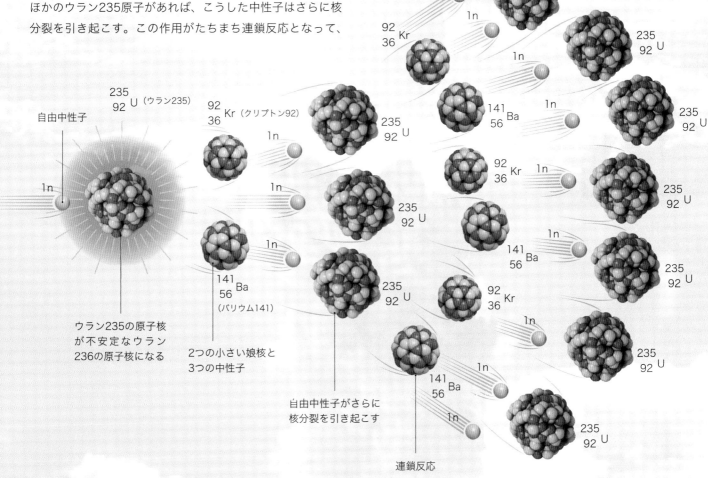

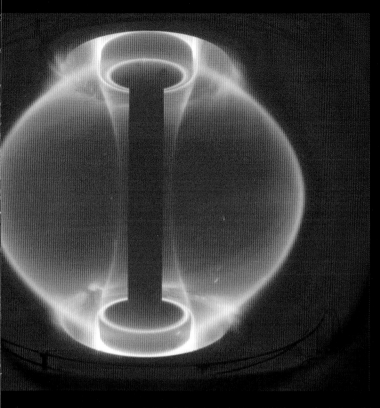

核融合

　大量のエネルギーは、核融合——太陽やほかの恒星（72ページ参照）のエネルギー源になっている核反応——でも放出されます。核融合では、2つの小さな原子核（通常は水素の同位体）が、極度の高温と高圧の下、力ずくで結合させられ、新しいもっと大きな原子核になります。この新しい原子核は、その元になった2つの小さな原子核よりもエネルギーが小さいので、やはりここでも、余分なエネルギーが熱として放出されます。この作用も、熱核融合装置とも呼ばれる水爆などの兵器に利用することができます。しかし、核融合の研究者は、いつの日か、核融合制御によって低コストで豊富な電力を生み出せるだろうと期待しています。核融合炉は、放射性廃棄物を事実上まったく出しませんし、その燃料として使うのは水素——宇宙でもっとも豊富な元素——です。

　核融合を起こすには、極度の高温が必要です。高温によって、原子核は動きが速くなり、ぶつかったときに核融合が可能になるのに十分な運動量になります。それには、数千万度の熱が必要になります。核融合発電技術の問題の1つは、こんな途方もない高温の物質をどうやって閉じめておくかということです。これほどの高温になると、水素は完全にイオン化して、プラズマになります。さいわいなことに、収容する容器の内壁にプラズマが一切触れないようにプラズマを閉じ込めておく方法がいくつかあります。具体的にいうと、強力な磁場を使えば、プラズマを閉じ込め、制御できるのです。これを実行する有効な方法は、トカマクと呼ばれる環状（ドーナッツ型）のチャンバーです。核融合はいままでに何度も実験炉で行われましたが、これまでのところ、核融合反応をスタートさせるために使われるエネルギーは、その核融合によって得られるエネルギーよりもはるかに大きくなってしまいます。

(1) 史上初の熱核爆発（核融合）。1952年に太平洋のマーシャル諸島近くのエニウェトク環礁で、アイビー・マイクのコードネームで行われた水爆実験。
(2) トカマク炉の中の数百万度の水素プラズマ。
(3) 運転休止中のトカマクの内部。

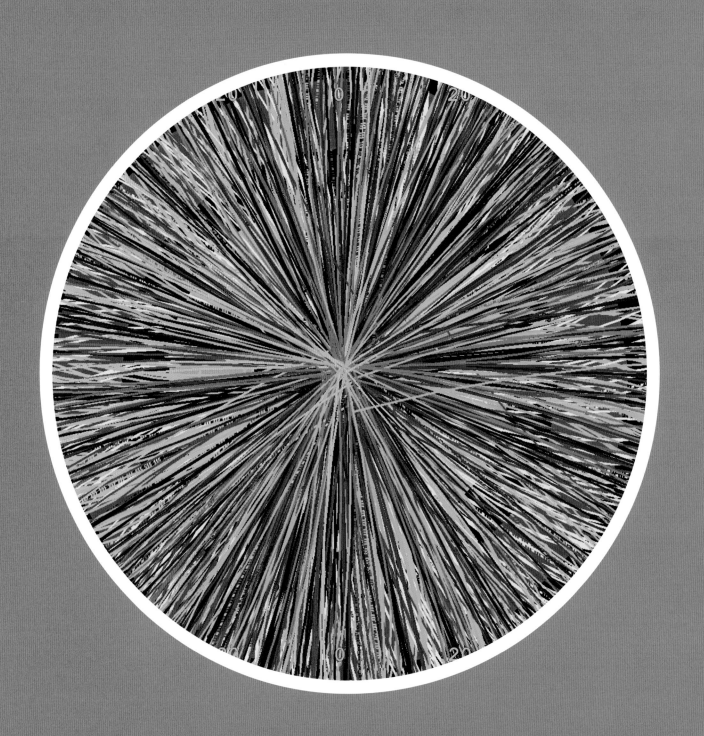

第7章
原子論の行きつく先

原子論が教えてくれる一番大事なことは、物質がごく小さな目に見えない粒子、すなわち原子からできているという考え方です。20世紀になって、原子に内部構造がある——原子自体ももっと小さな部分からできている——ことがわかりました。原子核は陽子と中性子からできていて、この陽子と中性子もクォークからできています。科学者たちは、ほかにも数多くの亜原子粒子を次々と発見していった末に、1つの疑問を提起しました。この世界の本当の原子とは何なのか。物質を形づくる本当の意味で基本的かつ分割不可能な構成要素とは何なのか。真実、この世界は何からできているのか。その答えは、どうやら、場のようです。

スイスのジュネーブの近くにあるCERNで行われた実験で、鉛イオンの高エネルギー衝突によって生じた**何千という粒子の飛跡。**こうした実験によって、物理学者たちは、もっとも基本的なレベルで物質を精査し、原子スケールやそれ以下の大きさや質量のさまざまな種類の粒子の相互作用を解明しようとしている。

究極の原子を探す

　「原子」の本来の意味からいうと、原子とは「基本的」で分割不可能な隙間のないかたまりであり、内部構造を一切持たず、それだけで成り立つものでなければなりません。しかし、現代の物理学では、原子は、いかに小さなものであっても、自然界の究極の構成要素ではないことがわかっています。むしろ、原子はもっと小さなものからできていて、ほかにも微小な粒子が大量に存在しているのです。周期表で化学元素の規則性が見つかったように、こうした粒子も、標準理論という理論の下で体系化されています。

　周期表は、わたしたちを取り巻く世界のあまりにも多種多様な物質に規則性を見出そうとしてつくられたものでした。周期表が考えられたときには、陽子も中性子も、電子さえもまだ知られていませんでした。ところが、いまでは、周期表の規則性は、量子力学の比較的単純な法則に基づく原子の構造からもたらされたものであることがわかっています。周期表のそれぞれの場所は、一定の数の陽子と中性子を持つ元素が占めていて、それぞれの元素の化学特性は原子核のまわりにある電子の配置で決まります。だから、物理学者や化学者は、原子に内部構造があることがわかっても失望はしませんでした。原子の内部構造が周期表のパターンを説明するために役立つからです（78ページ参照）。それでも、本当の原子——内部構造を持たない基本粒子——の探求はそれからも続きました。

次々と発見される粒子

　中性子が発見されたあとも、陽子と中性子でできた原子核のまわりを電子の雲が囲んでいるという原子のイメージは、根強く残りました。原子物理学者たちは、原子は明らかに基礎的なものではないが、少なくとも陽子や中性子や電子はそうなのだろうと考えることにしました。ところが、20世紀が終わるまでに、理論と実験の両面から、それまでは夢にも思わなかった数多くの粒子が発見され、その結果、科学

者は陽子と中性子も基本的なものではないことを認識するようになりました。そして、世界が陽子と中性子と電子という内部構造のないかたまりからできているというすばらしい考えを捨て去りました。

　その草分けになったのは、イギリス出身の物理学者ポール・ディラックでした。1920年代、ディラックは量子力学と相対性理論をすり合わせる方法を見つけました。偶然に、電子には電荷以外はまったく同じドッペルゲンガーのようなもう1つの存在があることを発見したのです。反電子、すなわち陽電子は、質量は電子と同じですが、電荷はマイナス（負）ではなく、プラス（正）です。そこから導かれる必然的結論は、すべての粒子には、それと対応する反粒子が存在するということです（光子のように電荷がない粒子はそれ自体が自身の反粒子と見なされます）。

2

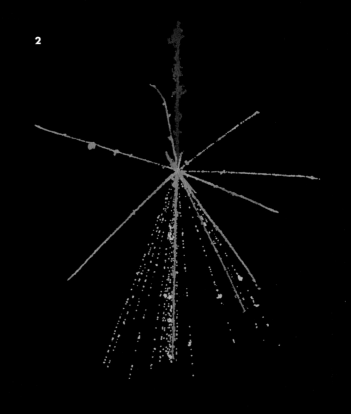

(1) CERNの泡箱の内部で行われた**陽子・陽子衝突**
（1960年）の写真。衝突によって、14個の中性粒子
が放射状に飛んだ。一部の陽子は電子を軌道上から
弾き飛ばし、飛ばされた電子は泡箱の磁場の中でら
せん運動をした。

1

　1940年代には、日本の物理学者、湯川秀樹（35ページ参照）
がパイ中間子の存在を予測し、この粒子は1956年に正式に
発見されました。その一方、宇宙から降り注ぐ高エネルギー
の粒子（宇宙線）が地球の大気中の原子と衝突する瞬間をと
らえた写真が、ほかのタイプの粒子が存在することを暗示
していました。1950年代から1960年代にかけて、高性能な
粒子衝突型加速器が登場すると、素粒子物理学者たちは、そ
れまで未発見だった数多くの素粒子を発見していきました。
こうした粒子は原子の一部ではありませんから、わたした
ちが知る普通の物質を構成するものではありません。では、
そうした粒子は何だったのでしょうか。

3

(2) **宇宙線粒子**（赤）が写真乳剤の原子核に衝突した様
子を記録した感光板の着色合成画像（1950年）。パ
イ中間子（黄）と、フッ素核（緑）やそのほかの核
分裂片（青）が生じている。

(3) 雲箱の中で**宇宙線の衝突**をとらえた（1927年）最
初の写真。雲箱内部の磁場の中で電荷を帯びた粒子
が曲がる様子に注意。

　1952年、アメリカの物理学者ドナルド・グレーザーが泡箱を発明しました。これは液体（通常は水素）のタンクで、荷電粒子が微小な泡の軌跡を残すようにつくられています。タンク内部の電磁場の中で、粒子はその質量と電荷に応じて曲線軌道を描きます。素粒子物理学者たちは、この装置を使って、粒子加速器の中で素粒子同士の衝突によって生じた数多くの新しい素粒子を発見しました。素粒子はそれぞれ電荷と質量の組み合わせが違いますから、素粒子によって相互作用するものとしないものがあります。不思議なことに、素粒子は現れたり、消えたりすることができるのです。

　1960年代、アメリカの物理学者マレー・ゲル・マンとジョージ・ツワイク（ロシア出身）は、多くの新しい素粒子を解明するために、新たに発見された粒子の多くが——ゲル・マンが「クォーク」と名づけたもっと小さな素粒子でできた——合成物ではないかと提唱しました。ゲル・マンとツ

ワイクの理論は、一部の粒子は2つのクォークでできているが、陽子や中性子（および反陽子や反中性子）は3つのクォークでできているというものでした。科学者たちは、最初は半信半疑でしたが、1970年代に行われたいくつかの実験で、この説が正しいことが証明され、クォークの存在が確認されました。クォークで構成されるすべての粒子をハドロンと総称し、2つのクォークからできているハドロンを中間子、3つのクォークからできているハドロンをバリオンと総称します。最初は、「アップ」と「ダウン」という2つのタイプのクォークだけが考えられました（たとえば、陽子は2つの「アップ」と1つの「ダウン」からできています）。しかし、やがてほかのクォーク——「チャーム」と「ストレンジ」や「トップ」と「ボトム」という、もっと質量の大きい、対応する性質のクォークのペア——がなければならないことがわかりました。そして、もちろん、そのそれぞれに対応する反粒子があるのです。

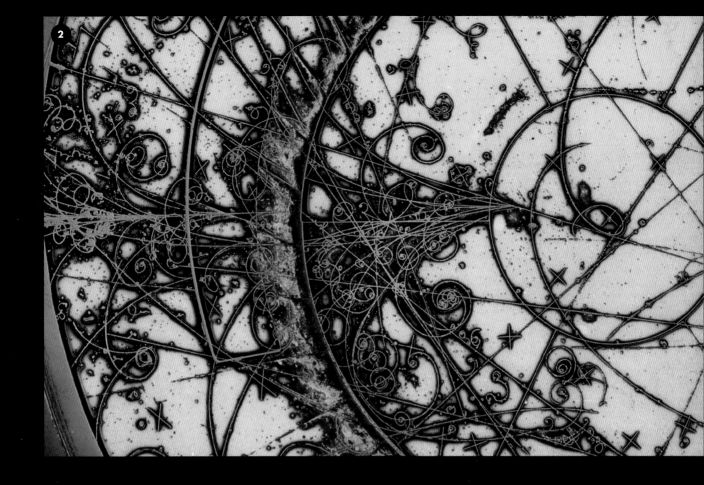

(1) CERNの泡箱で行われた陽
　　子・陽子衝突実験の着色合成
　　画像。荷電粒子がらせん軌道
　　を描く。

(2) 粒子衝突の着色合成画像。
　　CERNの泡箱内部のネオンと
　　水素の混合液の中の微小な泡
　　の流れが粒子の飛跡を示して
　　いる。

(3) ガンマ線光子は電子・陽電子
　　のペアを自然発生させる。こ
　　の新しい粒子はらせん運動を
　　して互いに離れ、別の光子を
　　発生させ、その光子がまた新
　　しい粒子・反粒子のペアを生
　　じさせる。

(4) 泡箱の中では、K中間子が画
　　像の下のほうで水素原子（陽
　　子）と衝突している。

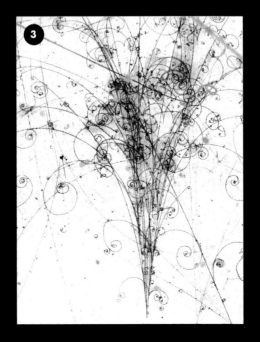

　電子は依然として基本的なもののままであり、いまのところ、内部構造はなさそうです。とはいえ、ミューオンやタウ粒子（そして反粒子の反ミューオンと反タウ粒子）という同類がいます。こうした素粒子は電荷と全般的な振る舞いは似ていますが、電子よりも質量が大きく、また電子と違って、通常の物質の構成要素ではありません。さらにもう1つの素粒子、ニュートリノは電子と深い関係を持っています。ニュートリノの存在は、1930年にベータ崩壊（原子核から電子が放出される現象）のときに生じる不可解なエネルギーのロスを説明するために仮定されました。ニュートリノは1950年代に発見されました。そして、ニュートリノにもミューニュートリノとタウニュートリノというもっと質量の大きい近縁がいます。電子とミューオンとタウと、それぞ

れのパートナーとなるニュートリノ——そしてそれぞれの反粒子——は、ハドロンとは別のレプトンという族を形成します。

　1970年代には、物質は（クォークをベースにする）ハドロンとレプトンからできていると考えられるようになりました。こうした粒子とともにはたらくのが、物質の粒子同士の間に作用する力を運ぶ、あるいは媒介する別の粒子です。このように力を運ぶ素粒子を「ゲージ粒子（ゲージボソン）」といいます。ゲージ粒子には、光子（電磁気力を運ぶ）、グルーオン（クォーク同士の間にはたらく強い力を運ぶ）、WボソンとZボソン（放射性崩壊に関連して弱い核力、すなわち弱い相互作用を運ぶ）などがあります。

(1) 酸素イオンと鉛核の衝突で、粒子のシャワーが発生している。大きならせんは、低エネルギーの電子が残した軌跡。

(2) 泡箱にとらえられたKプラス中間子の崩壊。崩壊生成物は飛び去ることもあり、らせん軌道を描き、また新たな衝突を起こすこともある。

(3) 弱い相互作用の特徴である「中性カレント」の発見（1973年）。見えないニュートリノが原子から電子を弾き飛ばしている（右下）。電子が左方向に飛び、電子・陽電子のペアをつくる。

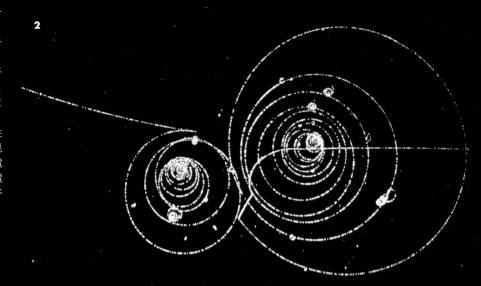

2

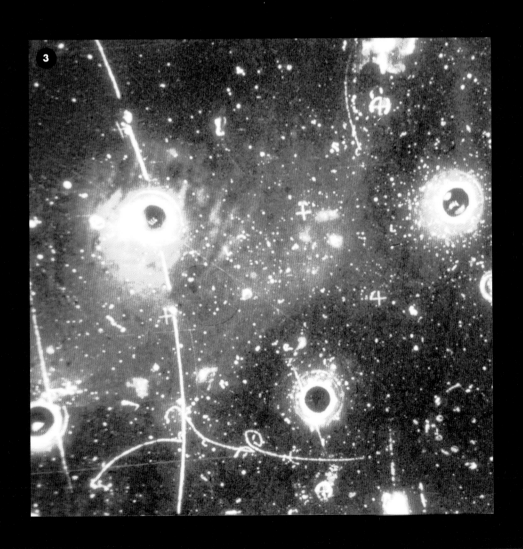

3

問題をさらに複雑にしているのは、スピンと呼ばれる量子的性質が存在することです。スピンはすべての素粒子が持つ性質で、荷電粒子を微小な磁石に変えます（149ページ参照）。粒子の中には、半整数のスピン（$-\frac{3}{2}$、$-\frac{1}{2}$、$\frac{1}{2}$、$\frac{3}{2}$ など）を持つものがあります。こうした粒子はフェルミオン（フェルミ粒子）と呼ばれ、特定の量子状態の中には1個のフェルミオンしか存在できません。すべての（電子を含む）レプトンはフェルミオンであり、すべてがクォークです。力を運ぶ粒子はボソン（ボース粒子）であり、整数のスピン（－1、0、1など）を持ちます。ボソンの場合は、まったく同じ量子状態の中に何個でも存在することができます。複合粒子は、構成要素となる粒子のスピンの合計しだいで、フェ

ルミオンにもボソンにもなります。たとえば、一部の原子はボソンであり、そのためにボース・アインシュタイン凝縮体（多くの原子が「超原子」として同一の量子状態を占めること。133ページ参照）になることができるのです。

このように数多くのさまざまな粒子が存在し、数多くのさまざまな粒子の分類法があることから、理論物理学者たちは、自らが「粒子の動物園」と呼ぶようになったものを理解するための方法を切望しました。周期表によって原子と元素が整理できたのと同じように、物理学者たちには、素粒子の世界を整理できるようなものが必要だったのです。

きわめて高速で動く陽子と鉛イオンの衝突によって生じた**粒子シャワー**の軌跡。2012年にCERNで行われた実験。

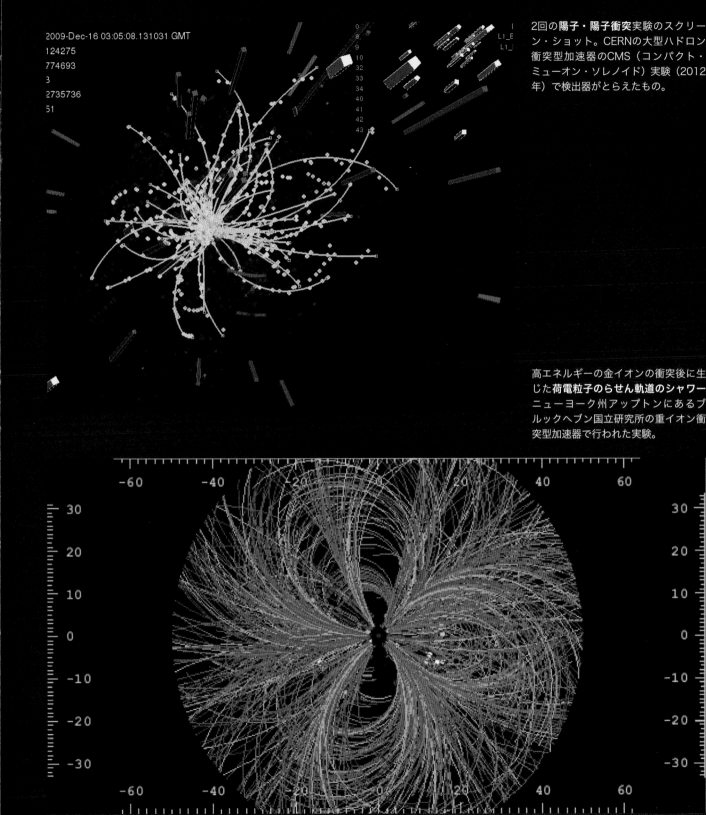

2009-Dec-16 03:05:08.131031 GMT
124275
774693
3
2735736
51

2回の**陽子・陽子衝突**実験のスクリーン・ショット。CERNの大型ハドロン衝突型加速器のCMS（コンパクト・ミューオン・ソレノイド）実験（2012年）で検出器がとらえたもの。

高エネルギーの金イオンの衝突後に生じた**荷電粒子のらせん軌道のシャワー**。ニューヨーク州アップトンにあるブルックヘブン国立研究所の重イオン衝突型加速器で行われた実験。

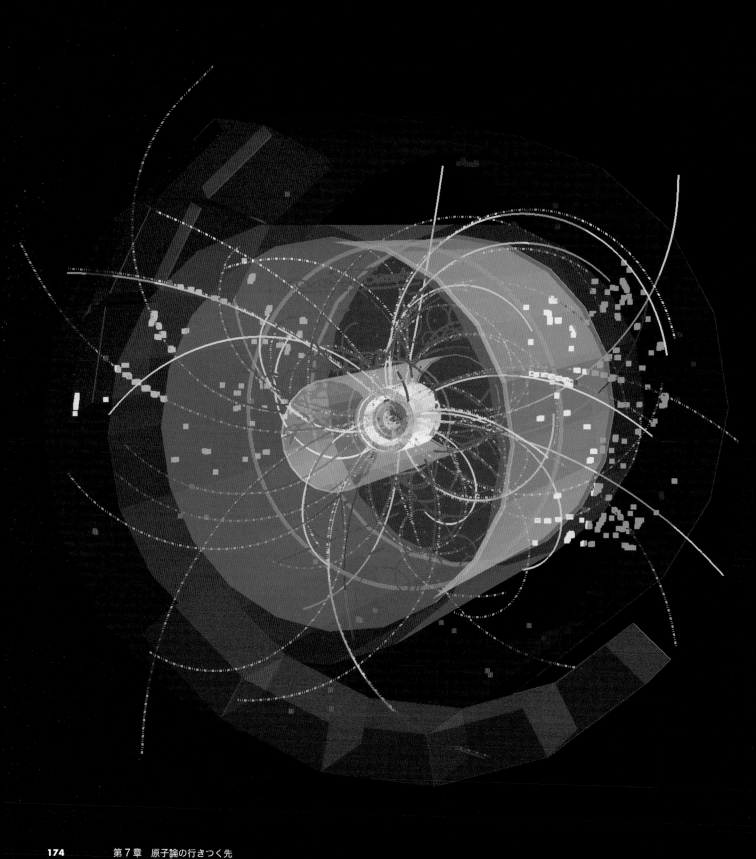

標準理論

　科学者たちは、物質粒子（ハドロンとレプトン）と力を運ぶ素粒子（ゲージボソン）とのさまざまな相互作用に一定のパターンがあるらしいことに気づきました。実際の話、そうした相互作用には4種類（重力、電磁気力、強い核力、弱い相互作用）があります。重力は、依然としてほかの3つのタイプと一線を画しています。重力は、アインシュタインの一般相対性理論でみごとに説明できますし、重力を運ぶ素粒子──重力子──はいまなお存在するかもしれないものであり、2022年現在、まだつかみどころのない素粒子なのです。

　しかし、素粒子物理学者は、ほかの3つの基本的な相互作用については、なんとか体系化することに成功しています。どんな種類の粒子がほかのどんな粒子と相互作用し、電荷やエネルギーなどの特性がそれぞれの相互作用の中でどのような形でつねに保存されなければならないか、といったことに規則性を見出しているのです。

　この体系化の結果が、素粒子の族とその相互作用を申し分のない一連の規則として1つの表にまとめた標準理論です。規則性があらためて復元され、粒子の動物園のメンバーはその管理下におさまりました。それまで発見された何百という粒子が、12の素粒子（6つのレプトンと6つのクォーク）と、4つの力を運ぶ素粒子（ゲージボソン）を使って、正確に説明できるのです。

　標準理論を完成させるためには、もう1つ余分な素粒子──もう1つのボソン（ただし力を運ぶゲージボソンではないもの）──が必要です。それがヒッグス粒子です。2012年、フランスとスイスの国境にあるCERNの大型ハドロン衝突型加速器で、ヒッグス粒子が発見されたのは、標準理論の有効性を裏づける一連の実験結果の中でも、最新のものです。「神の粒子」と呼ばれるほどの評価を受けたものの、ヒッグス粒子そのものはとくに重要なわけではありません。ただ、CERNでヒッグス粒子がつくられたことによって、ヒッグス場と呼ばれるものが存在することが裏づけられたのです。基本粒子がどのように質量を獲得したかを含め、重要な各種現象を標準理論で説明するのに、ヒッグス場は役立ちます。ヒッグス場などの場は、標準理論の根拠を補強するものなのです。

標準理論の基本粒子。 フェルミオンは物質粒子であり、ボソンは力を運ぶ素粒子（ヒッグス粒子を除く）である。
資料提供：AAAS

	フェルミオン			ボソン
クォーク	u UP	c CHARM	t TOP	γ PHOTON
	d DOWN	s STRANGE	b BOTTOM	Z Z BOSON
レプトン	Ve ELECTRON NEUTRINO	Vμ MUON NEUTRINO	Vτ TAU NEUTRINO	W W BOSON
	e ELECTRON	μ MUON	τ TAU	g GLUON

力を運ぶ素粒子

HIGGS BOSON

CERNのアリス検出器の内部で**鉛イオンの衝突**によってつくられた粒子シャワーのコンピュータ再構成画像。

量子場

　素粒子とその相互作用の標準理論の根拠となっているのは、素粒子は固いかたまりではないという考え方です。素粒子は、固いかたまりではなく、全宇宙に浸透している場の擾乱です。こうした場は、そうした相互作用を説明するために役立つ数学的実在であり、わたしたちが通常、粒子と考えているものの、波としての特性と粒子としての特性を結びつける重要な役割を果たします。言い換えれば、場とは量子論の観点から粒子を説明するものです。

場とは何か

　場という考え方は、そもそも1840年代にイギリスの科学者マイケル・ファラデーが発案したものです。1820年代から1830年代にかけて、ファラデーは電気と磁気の実験をくり返していました。ファラデーは、磁気と電荷が空っぽの空間に浸透していると思われる明確な線に沿って力を及ぼすことに気づきました。場の強さは、場所によって違います。つまり、磁場の中に置かれた磁石は、場の中のどこに置かれているかによって、作用する力が強くなったり、弱くなったりします。ファラデーは、光は電磁場の中で起きる波動、つまり擾乱ではないかと提唱しました。この考えは、それから20年後にジェームズ・クラーク・マクスウェルが数学的に裏づけました（28ページ参照）。波が場の中を伝わることはきわめて重要な事実ですが、とくに、量子論が1920年代に粒子の波のような性質を明らかにしてからは、重視されるようになりました（32ページ参照）。

　電場と磁場は同じもの、つまり電磁場として存在します。1920年代に、物理学者が原子を理解するために初めて量子

ファインマン図

　1948年、アメリカの物理学者リチャード・ファインマンは、QEDにおいて、電子と光子の相互関係を表す複雑な数学的記述を単純化するために、電子と光子をシンプルな図で表した。それぞれの図の中で、物質粒子と力を運ぶゲージボソンは直線または波線で描かれる。一方、陽子のような複合粒子は、クォークを表す線の集合として示される。これらを使えば、起こりうるあらゆる相互作用をいろいろな方法で表すことができる。

　たとえば（右の図では）、2個の電子（e）が互いに反発し合うとき、仮想光子（γ）を交換する。電子は、仮想光子を自身と交換することもできる。つまり、仮想光子はその途中で自発的に仮想電子・陽電子のペアになる。それぞれの図は、相互作用の裏にある考えうるメカニズムを表し、そうしたメカニズムが発生する確率を推定するのに役立つ。図を合わせると、相互作用が起きる全体的な確率が示される。

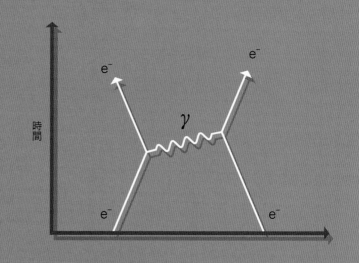

力学を使ったとき、電子のエネルギー準位を量子化して扱いましたが、電磁場そのものを量子化できるとは実際には考えていませんでした。その後、一部の物理学者が、この問題に取り組もうとして、光子を電磁場の擾乱または励起量子化とする理論を公式化しました。電磁場と荷電粒子の相互作用を研究する分野を電気力学といい、電磁場の量子化に取り組む新しい理論を量子電磁力学（QED）といいます。

マイケル・ファラデー。実験によって、電磁気力の解明に多大な貢献をした科学者。ファラデーは、1845年11月7日づけの日記に「場」という言葉を初めて使っている。

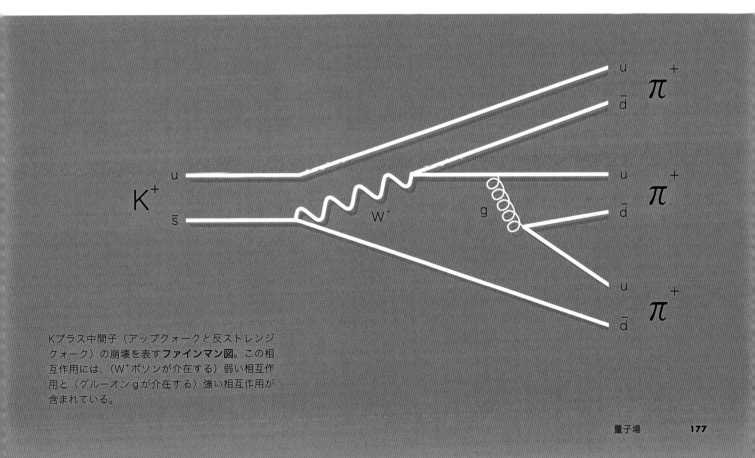

Kプラス中間子（アップクォークと反ストレンジクォーク）の崩壊を表す**ファインマン図**。この相互作用には、（W^+ボソンが介在する）弱い相互作用と（グルーオン g が介在する）強い相互作用が含まれている。

場の量子論

電磁場の量子化に取り組む最初の理論は、1920年代後半に打ち立てられました。こうした理論は、荷電粒子と光子の相互作用を数学的に説明し、予言することができました。QEDにおいて、光子は電磁場を通り抜ける擾乱または励起であり、物理学者たちは、この考え方を電磁気力以外の相互作用にも拡大しました。たとえば、強い核力の影響を受ける素粒子の相互作用は、量子色力学（QCD）で説明しました。色力学という名称は、強力な核力に影響されたクォークが、その相互作用を決定する「カラー（色）」と呼ばれる、電荷に似た特性を持つことからきています。強い核力の中の力を運ぶ素粒子は、グルーオンです。そして、QCDでは、光子が電磁場の量子化された励起であるのとまったく同じように、力を運ぶ素粒子はグルーオン場の量子化された励起として存在します。弱い相互作用は、量子フレーバー力学（QFD）と呼ばれる類似の理論で説明されます（もっとも、弱い相互作用と電磁相互作用は単一の場の理論、電弱理論に統合されています）。

場の量子論（QFT）は、力を運ぶ素粒子（光子、グルーオン、Wボソン、Zボソン）を場の励起として扱うだけではありません。QFTでは、物質の粒子も同じように扱います。つまり、電子は実際に、電磁場と直接相互作用する「電子線照射野」の量子化された励起なのです。量子論と実験結果にしたがえば、電子は波としても振る舞うので、これは理にかなったことです。だから、QFTにしたがえば、12の物質場が存在します。6つのレプトンそれぞれの場と、6つのクォークそれぞれの場です（それぞれの反粒子は、対となる素粒子が場として現れたものです）。また、4つの力を運ぶ場も存在します。力を運ぶ素粒子（グルーオン、光子、Wボソン、Zボソン）のそれぞれの場です。そして、ヒッグス場が存在します。さらに、仮説上の重力子（重力の相互作用を運ぶ素粒子として一部の科学者が提案しているもの）を説明する場も存在す

るかもしれません。こうした場は、緻密な数学的法則にしたがうなら、互いに相互作用します。こうした理論は、わたしたちが日常的に接する物質の構造だけでなく、粒子加速器の中で観察される数多くのタイプの生成や消滅の事象をすべて説明してくれます。

粒子加速器は、QFTの試験場として申し分ありません。この装置は、場に擾乱を与えるエネルギーを供給します。十分なエネルギーで場を乱すと、粒子を生成することができます。このようにして、ヒッグス粒子は――ほかの多くの粒子と同じように――発見されました。同じように、電子がエネルギーを失うと、電子線照射野はそのエネルギーを電磁場に渡します。こうして、光子はつくられます。電磁気力を運ぶ光子は（ほかの力を運ぶゲージボソンも同じように）発生することさえなく、物質粒子に影響を与えます。実際、ほとんどの時間、こうした素粒子は、潜在的な「仮想」粒子の状態のままで、発生したり、消滅したりして、物質粒子がその影響を感じる時間だけ存在します。仮想粒子にこうしたことができるのは、不確定性原理と呼ばれる量子論の概念の1つによるものです。

空っぽの空間の中の量子ゆらぎとグルーオン場を表すコンピュータ・シミュレーション動画の1コマ。この動画は、オーストラリアのアデレード大学の物理学部 物理・数理物理学科 理論物理センターの要望で、CERNのスーパーコンピュータを使って制作された。

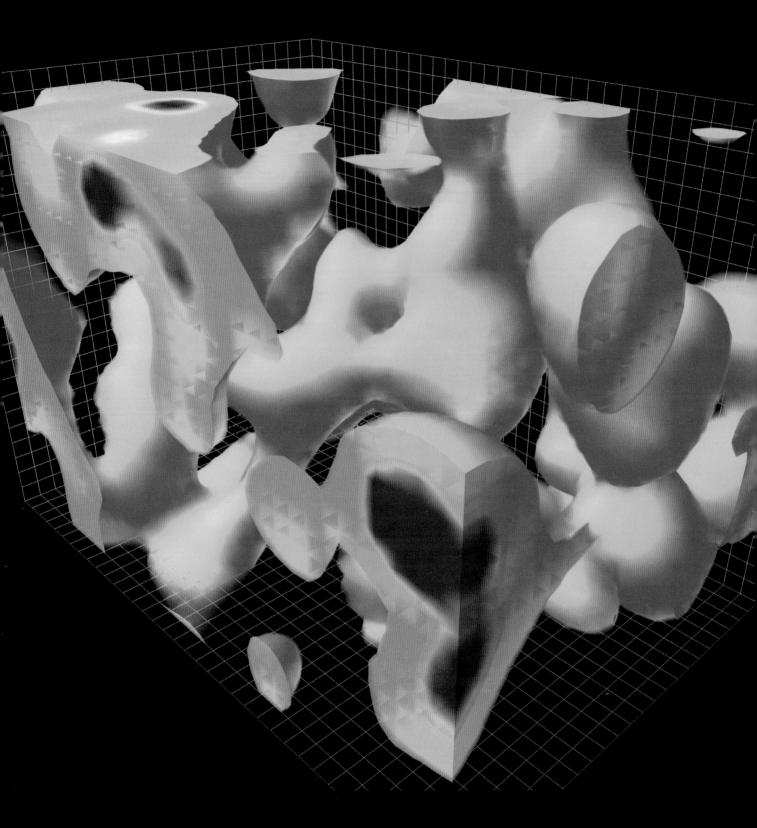

不確定性原理

　第2章で、量子物理学の2つの柱──エネルギー(やそのほかの特性)の量子化と、波動と粒子の二重性──についてはくわしく見てきました。もう1つ、3番目の柱が不確定性原理です。不確定性原理にしたがうなら、粒子の正確な位置と運動量の両方を、完全な精度で知ることはできません(下の囲み参照)。位置が正確にわかれば、運動量はわかりませんし、その逆も同じです。両者は、一組になって相互に制限し合う関係なのです。この制約は、いかなる測定機器の精度とも関係ありません。自然界の基本的な法則なのです。

　位置と運動量の不確定性関係は、粒子のこの2つの特性を「相補的変数」にしています。これとは別に、作用に関与するエネルギーやその作用の持続時間と関係する相補的変数も

あります。こうした事実があるからこそ、不確定性原理で示された時間内にエネルギーを借りて返すことによって、粒子は何もないところから発生できるのです。そして、それが可能性だから、起きるのです。宇宙を満たしているすべての物質と力場が、仮想粒子で絶えず沸き立ち、その束の間の存在が、この宇宙の「現実」の事象が起きる舞台の混沌とした背景幕をつくり出しているのです。また、不確定性原理は、粒子が絶対零度(132ページ参照)でもエネルギーを持つ理由や、空っぽの空間というものが本当の意味では存在しない理由も、説明してくれます。

場を統合する

　電気と磁気は、かつては別々の力だと思われていましたが、いまでは電磁気力という1つの理論にまとめられ、さら

量子論の不確定性原理

　不確定性原理は、波動と粒子の二重性から導かれた結論であり、粒子を波として説明する方法を考えると、もっともうまく理解できる。たとえば、光子は宇宙の特定の場所に局在する波束としてイメージできる。波束は、波長が異なる多くの波を組み合わせる、または重ねることによって、数学的に表すことができる。異なる波を加えるほど、光子は場所が限定される。しかし、それぞれの波長は異なる運動量に相当するので、場所がかなり確定された粒子は、その運動量がきわめて不確実になる。運動量が明確な光子は、単一波長の単一波で表されなければならないが、そうした波はまったく場所を限定することができず、どちらの方向にも無限に広がることになる。

正確に定義される運動量
波動関数の波長によって、粒子の運動量は決まる。完全に運動量が限定された粒子は、単一波長の波動関数を持つ。これは、この粒子の場所がまったく限定されないことを意味する。つまり、粒子の位置はわからないということになる。

に弱い相互作用も組み込まれています。理論物理学者は、さまざまな量子場をすべてまとめて説明し、そうした場が単一の場の一部であること——あるいは、一部だったこと——を示したいと思っています。つまり、すべての場は、単一の統合された場の異なるバージョン、または具現化である可能性があります。とりわけ、粒子と場の相互作用は、宇宙が誕生した最初の1秒間に存在したような極度の高エネルギー状態では一元化されるように思われます。宇宙が冷えてくるにしたがって、この相互作用は、現在のわたしたちにとっては別々のもののように見える、4つの相互作用に分かれたのです。

　統合された単一の量子場が存在するかどうかはともかく、ただ1つ確かなことは、場が存在することでしょう。粒子は そうした場の励起によって生成されるものですが、粒子は場の中に存在し、場から離れて存在することはありません。アメリカの物理学者フリーマン・ダイソンは、場の量子論が示す現実感を、1953年の時点ですでに雄介に物語っていました。

「わたしたちが最終的に到達する世界のイメージは次のようなものだろう。10か20くらいの異なる量子場が存在する。それぞれが全宇宙を満たし、独自の特性を持っている。こうした場以外には何もない。物質としての宇宙は、そうした場からつくられる。場と場のさまざまな組み合わせの間に、さまざまな種類の相互作用が生じる。特定の粒子の数は決まっていない。粒子は絶えず生まれたり、消滅したり、別の粒子に姿を変えたりするからだ」

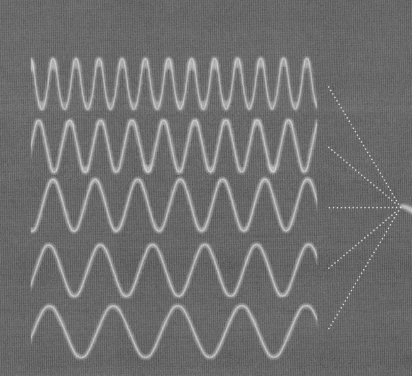

明確に限定された位置
波束としての粒子の正確な位置を定義する波動関数は、波長が異なる数多くの波の重ね合わせを必要とする。これは運動量がよくわからないことを意味する。

量子力学では、位置を限定された粒子は波束によって表される。

新しいプレナム

　人は昔から、物質は何からできているのか、という疑問を抱いてきましたが、17世紀から18世紀にかけての科学革命以来、しだいに原子論がその中心になっていきました。ところが、この60年の間に、固いかたまりのような粒子と考えていたすべてのものが、全宇宙に広がる場のたんなる励起であることがわかってきました。物質の究極の構成要素を探求してきた末に、わたしたちは、そんなものはないという結論に達したのです。

原点に還る

　原子は実在します——が、それは、デモクリトス（13ページ参照）が想像したような原子とは違います。デモクリトスは、物質は、空っぽの空間の中で動き回っている微小な目に見えない球体でできていると想像しました。ところが、空っぽの空間というものは存在しません。空間は、場と、グツグツと泡立つ泥沼のような仮想粒子に満たされているのです。現在の「原子」という語が意味するのは、究極的に3つのクォークが組み合わされた原子核のまわりに電子がつながれている複合粒子のことです。しかし、そうした粒子さえも、デモクリトスが考えた原子とは違っています。電子もクォークも球体のかたまりではありません。あなたの体を構成する1兆の1億倍のさらに1億倍の電子は、1つ残らずすべて、全宇宙を満たしている電子線照射野の励起なのです。あなたの体は電子よりずっと多くのクォークを含んでいます。そして、そのクォークも場の励起なのです。もし量子場が全宇宙を満たしているのなら、すべての人の体に含まれる電子は、同じ場の一部ということになります。わたしたちは誰もがみな、現実の複雑な永久に転移する波動関数の一部なのです。

　デモクリトスの考えは、当時の人びとには受け入れられませんでした。ギリシアの哲学者エレアのパルメニデス（12ページ参照）は、空っぽの空間というものは存在せず、宇宙のすみずみまでが彼のいうプレナムという物質に満たされている、と提唱しました。それから2500年近くたったいまになってみると、パルメニデスは正しかったようです。世界がひじょうに固く、どっしりとしていると感じられるなら、この現実像——あまねく宇宙に存在する場からできていること——を受け入れるのは難しいかもしれません。だとしても、テーブルの固さや、ボーリングのボールの重さは、どちらもたんにさまざまな場の相互作用によって生じているのです。あらゆるものはこうした相互作用によって原理的に説明できます。

　もちろん、場が何から「できている」かは誰も知りません。わたしたちは、場を数学的に表すことしかできないので、現実の世界は——ピタゴラスやその信奉者が2000年以上前に提唱したように——数字でできているだけなのかもしれません。あるいは、場はある種の液体のような物質からできているのかもしれません。結局のところ、もし粒子が量子化された波として場の中を通り抜けるのだとしたら、その波打っているものとは何なのでしょうか。もし場が本当に物質だったなら、その物質は何からできているというのでしょうか。それはある種の原子、なのでしょうか……。

もちろん、
場が何からできているかは
誰も知らない。

用語集

アルファ崩壊
不安定な原子核がより安定した低エネルギー状態になるための作用。原了核が、2個の陽子と2個の中性子が結合したアルファ粒子を放出する。

イオン結合
イオン——電子を得たり、失ったりした原子——同士の結合。イオン結合によって結合した陽イオンと陰イオンは通常、結晶をつくる。

核磁気
陽子と中性子のスピンによって相殺されない原子核の磁気。水素1などのある種の原子核は、スピンがゼロではないため、わずかながら磁気がある。

核分裂
原子力発電所や核兵器に利用される核反応。大きな原子核が2つに分裂し、このときエネルギーが放出される。核分裂は自然な状態でも起きるが、自由に動く中性子があれば人為的に起こすこともできる。

核融合
星の中心部で起きている核反応の1つ。熱核兵器でも利用される。小さな原子が結合（融合）し、このときエネルギーが放出される。

化合物
2種類以上の元素からなる物質。同じ化合物の場合、元素の原子の数は比率が決まっている。たとえば、水は水素対酸素の比率が2対1になる。化合物の中の原子は、イオン結合や共有結合によって結合している。

仮想粒子
不確定性原理によって束の間の存在が許される粒子。こうした粒子は、一定時間内に返還することを条件にエネルギーを借りることによって存在できる。

神の粒子
ヒッグス粒子の別名。基本粒子の質量を生じさせる量子場のヒッグス場と関連する粒子。

ガンマ線
ひじょうに周波数の高い電磁放射（ひじょうに高エネルギーの光子）。通常、核反応や放射性崩壊の際に生成される。

軌道
電子が見つかる領域。電子の波動関数によって定義される。それぞれの軌道は、反対のスピンを持つ電子を2個まで収容できる。

共有結合
電子を分子軌道上に共有する原子同士の結合。多くの分子は、2個以上の原子が共有結合した集合体である。

クォーク
強い相互作用に関与する基本粒子の1つ。陽子や中性子はクォーク（とグルーオン）からできている。

グルーオン
強い相互作用を運ぶ基本粒子。グルーオンはクォークを結合させて陽子や中性子をつくる。

原子間力顕微鏡法
極度に先鋭化したプローブで試料の表面を走査し、プローブと表面の間にはたらく力を感知することによって、正確な画像をつくる技術。

原子質量数
たんに質量数ともいう。原子核の陽子と中性子の合計の数。原子番号と原子量も参照のこと。

原子番号
原子核の陽子の数。同じ元素の原子はすべて同じ原子番号になる。

原子量
相対原子質量ともいう。統一原子質量単位（40ページ参照）で測った特定の元素の原子、1個分の平均質量。異なる同位体は質量数が違うので、その平均が原子量になる。

元素
1種類の原子からなる物質。原子核にある陽子の数によって定義される。水素、酸素、炭素など。

光子
基本粒子の1つ。光などの電磁放射は光子の流れである。仮想光子は荷電粒子同士の間で電磁気力を運ぶ。

光電効果
金属の表面が光やそのほかの電磁放射を照射されたとき、電子が放出される現象。放射の周波数が十分に高い（光子のエネルギーが十分に高い）場合にのみ、電子が放出される。

磁気
スピンを持つ粒子が関わる現象。多くの粒子では、スピンは内部で相殺されて、磁力として作用しない。

磁気共鳴断層撮影（MRI）
医療で用いられる画像技術の1つ。強い磁場と電波を使って原子核の磁場と相互作用する。

質量分析法
異なる分子の混合物をイオン化して分離し、高速度に加速して、磁場でその軌道を曲げ、その屈曲の大きさから質量を測る分析法。

周期表
すべての元素を原子番号の小さい順に、周期ごとに横列に並べた表。特性が似ている——つまり電子配列が似ている——元素が縦の列（族）に並ぶ。

スピン
あたかも回転しているように振る舞う亜原子粒子の特性。スピンは荷電粒子に磁性を与えるが、対になると、反対のスピンが互いに相殺する。不対電子を持つ原子は残留スピンを持ち、ある種の物質に磁性を生じさせる。

絶対零度
もっとも低い温度。物質の粒子の運動エネルギーが最小の状態。絶対零度は、数値で表すと、ケルビン温度で0K、摂氏で−273.15℃である。

走査型電子顕微鏡法
試料の表面からはね返ってくる電子で、試料の拡大像をつくる技術。

走査型透過電子顕微鏡法
試料の表面を電子ビームでスキャンし、透過した電子を集めて原子スケールの正確な像をつくる技術。

走査型トンネル顕微鏡法
先端がとがったプローブで試料の表面を走査し、プローブの先端と試料表面の間の隙間を「トンネルする」電子のわずかな流れを測定して、原子スケールの正確な像をつくる技術。

走査型プローブ顕微鏡法
試料の表面を走査して、原子スケールの凹凸を感知することによって、原子の正確な像をつくる技術。

相対性理論
物質とエネルギーは、どこにいても、どんな速度で動いていても、重力場がどれほど強くても、同じ基本法則にしたがって振る舞わなければならないことを認める物理学上の理論。

ダルトン (Da)
原子質量単位ともいう。原子や分子の質量の測定単位。1ダルトンは炭素12原子の質量の12分の1に相当する。

中性子
3つのクォークからなる粒子の1つ。（水素1を除く）すべての原子核に存在する。中性子は全体として電荷を持たない。

強い相互作用
強い力ともいい、強い核力とも（書き分ける場合もある）。仮想グルーオンが運ぶクォーク間の相互作用。ハドロン（クォークで構成される粒子）は強い相互作用の影響を受けやすい。

電界イオン顕微鏡法
電界放射顕微鏡法に似た技術。先鋭化した金属の先端に希薄ガスの原子を付着させ、これをイオン化して先端から放出させて、先端表面の原子の拡大像をつくる。

電界放射顕微鏡法
先鋭化した金属表面から放射した電子によって、プローブの先端に、原子構造の拡大像をつくる技術。

電子
負電荷を持つ基本粒子。すべての原子に含まれている。

電磁気力
電荷を帯びた粒子同士の間にはたらく力。強い相互作用（強い核力）、弱い相互作用、重力と並ぶ4つの基本相互作用の1つ。

同位体
同じ元素だが、陽子の数が同じでも、中性子の数が違う原子。すべての元素に、2つ以上の同位体がある。

トリプルアルファ反応
星の内部で起きている核反応の1つ。3つのアルファ粒子から炭素12の原子核の候補ができる。

二重スリット実験
そもそもは、光の波動性を調べ、証明するために1801年に考案された実験。現代物理学では、電子などの亜原子粒子の波動性を明確にするために重視される。

波動関数
粒子や粒子の集合体について、量子状態を数学的に記述した式。ある時点とある場所における波動関数の値は、その時と場所において粒子が特定の状態にある確率と関係する。

波動と粒子の二重性
かつては粒子と考えられていたものが、波のように振る舞うこと。または、その逆。

ハドロン
2つ以上のクォークからなるすべての複合粒子。強い相互作用に関与している。陽子と中性子はハドロンに属する。

用語集

場の量子論
粒子を、全宇宙に浸透する量子化された場が顕在化したものと考える枠組み。標準理論では、それぞれの種類の粒子が独自の場を持つ。

半減期
放射性同位体の原子の半分が崩壊するまでの時間。

半導体
不導体よりは電気を通すが、通常の状況下では金属ほどには電気を通さない物質。光や熱でエネルギーを加えたり、適切にドーピング（少し不純物を添加）したりすると、伝導性が向上する。

標準理論
現時点で、亜原子粒子間の基本相互作用をもっともよく説明できる理論。

フェルミオン
フェルミ粒子とも。半整数のスピン（$-\frac{1}{2}$、$\frac{1}{2}$、$\frac{3}{2}$ など）を持つ粒子、または束縛粒子のグループ。ボソンと違い、同じフェルミオンの別の粒子とは同じ量子状態を共有することはできない。陽子、中性子、電子、ヘリウム3原子などがフェルミオンに属する。ボソンを参照のこと。

不確定性原理
量子論の基本概念の1つ。対になる2つの量——とくに、運動量と位置やエネルギ–と時間——の正確さに基本的限界があること。

分子軌道
原子軌道が重なってできる軌道。原子軌道と同じように、分子軌道は2個の電子を収容できる。分子軌道は共有結合の基本。

ベータ崩壊
不安定な原子核がより安定した低エネルギー状態になるための作用。原子核の内部で中性子が陽子と電子になり、電子はベータ粒子として原子核から放出される。

放射性炭素年代測定法
同位体の炭素14の残留濃度から、生物が死んだ年代を推定する技術。生物が生きている間は一定した比率で炭素14を摂取する。炭素14の半減期は約5700年。

放射性崩壊
不安定な原子核がより安定した低エネルギー状態になるプロセス。アルファ崩壊、ベータ崩壊、ガンマ線を参照のこと。

ボース・アインシュタイン凝縮体
ボース粒子（同じエネルギー量子状態を共有できる原子）を絶対零度近くまで冷却した物質の状態。波動関数が重なり合い、全体で1個の粒子として作用するようになる。

ボソン
ボース粒子とも。整数スピン（0、1、2など）を持つ粒子、または束縛粒子のグループ。フェルミオンと違い、ボソンは同じボソンの別の粒子と同じ量子状態になることができる。光子、ヘリウム4原子、ヒッグス粒子（別名「神の粒子」）などがボソンに属する。フェルミオンを参照のこと。

モル
アボガドロ定数（6×10^{23}、6000兆の1億倍のさらに1億倍）と同じ数の粒子で構成される元素または化合物の量。1モルの元素質量は原子量の数字をグラム単位に置き換えた質量に相当する。

陽子
3つのクォークからなる粒子の1つ。原子核の中に存在する。クォークには電荷があり、陽子の全体の電荷は正電荷になる。

弱い相互作用
弱い力ともいう。放射性崩壊や核反応と関連するある種の亜原子粒子の間にはたらく相互作用。

粒子加速器
亜原子粒子やイオンを加速して衝突させ、別の粒子のシャワーを発生させる装置。亜原子粒子の相互作用に関する理論をテストする実験に用いられる。

量子色力学
強い相互作用、とくにクォークやグルーオンの影響を受ける粒子の振る舞いを説明し、予測する場の量子論。

量子電磁力学
光子や電荷を帯びた粒子の相互作用を説明し、予測する場の量子論。

量子論
量子力学または量子物理学ともいう。場や粒子の振る舞いや、原子スケールや亜原子スケールの相互作用を説明する科学理論。

レーザー
コヒーレント光。波長が正確かつ明確に決められ、波の位相が完全にそろった光。

レプトン
物質の素粒子。ハドロンとは違い、強い相互作用には関与しない。電子はレプトンに属する。

参考文献

Brian Clegg, *30-Second Quantum Theory*, Icon Books, 2014.
量子物理学をもっと深く掘り下げていく。ただし、数学にはあまり踏み込まない。

Jack Challoner, *Above and Below: Modern Physics for Everyone*, Explaining Science Publishing, 2017.
現代物理学を幅広く取り上げる。本書ほど原子のことを深く掘り下げず、相対論や宇宙論など、もっと基礎的なものを扱う。

Rodney Cotterill, *The Cambridge Guide to the Material World*, Cambridge University Press, 1989.
古い本なので、やや時代遅れの部分もあるが、原子スケールの物質を徹底的かつ包括的に扱ったすばらしい内容になっている。すでに絶版だが、古本がオンラインで手に入る（訳注：日本では海外からの取り寄せとなる場合がある）。

Jack Challoner, *The Cell: A Visual Tour of the Building Block of Life*, University of Chicago Press, 2015.
（『ビジュアルでわかる細胞の世界』石崎泰樹／日本語版監修、東京書籍、2016年）
本書の姉妹本。同様にテーマを包括的に扱っているが、内容はわかりやすい。

Richard Feynman, *QED: The Strange Theory of Light and Matter*, Penguin, 1990.
（『光と物質のふしぎな理論　私の量子電磁力学』釜江常好・大貫昌子／訳、岩波書店、2007年）
量子電磁力学の草分け、ファインマンの講義を編集したもの。本書では、光と電子の相互作用を明快に解説している。量子電磁力学のもっとも信頼できる入門書。

Carlo Rovelli, *Seven Brief Lessons on Physics*, Penguin, 2016.
（『すごい物理学入門』竹内 薫／監訳、関口英子／訳、河出書房新社、2020年）
広範にわたる複雑なテーマを7つのやさしい「レッスン」に分けてわかりやすく解説するすばらしい本。著者は現役の理論物理学者である。

参考ウェブサイト

QUANTUM PHYSICS I
https://ocw.mit.edu/courses/physics/8-04-quantum-physics-i-spring-2013/lecture-videos/
https://goo.gl/LFB4MW
マサチューセッツ工科大学が提供する、量子物理学の公開オンライン講座。ビデオ講義の内容は詳細にわたるため、ある程度の代数の予備知識が必要である。

QUANTUM PHYSICS by The Khan Academy
https://www.khanacademy.org/science/physics/quantum-physics
カーン・アカデミーが提供。ビデオで量子物理学の原理をわかりやすく解説する無料の公開オンライン講座。科学のほかの多くの分野についても講座がある。とくにおすすめ。

THE DISCOVERY OF THE HIGGS BOSON
https://www.class-central.com/course/futurelearn-the-discovery-ofthe-higgs-boson-1259
https://goo.gl/srsU6F
スコットランドのエディンバラ大学が提供する、ヒッグス粒子についての公開オンライン講座。2018年開設。この講座を受けるには、高校程度の物理学の知識があれば十分である。いわゆる「神の粒子」の発見まで、段階的に講義を進めていく。

索引

索引

謝辞

著者より御礼

　本書をこれほどまでに美しい本に仕上げていただいたことに、アイビー・プレスの偉大なチームに——とりわけ、編集主任のステファニー・エバンスとデザイナーのウェイン・ブレーズ、原稿整理編集のキャサリン・ブラドリーに——感謝したいと思います。みんなにはすばらしい仕事をしていただきました。また、イギリスのブリストル大学のクレイグ・バッツ教授からは、原子軌道についていろいろご教授いただきました。

　そして、原子や分子のイラストをつくるにあたって、以下のフリー・オープン・ソース・ソフトウェアを使わせていただきました。

Avogadro A molecule editor and visualizer（Windows/Linux/Mac OS用、https://avogadro.cc）

QuteMol High-quality molecular visualization software（Windows/Mac OS用）

画像クレジット

　本書に収録した画像の使用を快諾してくださった以下の方々や団体に、出版者より感謝を申し上げます。画像をご提供いただき、まことに感謝に堪えません。もし、万一お名前をもらしているようなことがございましたら、ご容赦ください。

（省略記号……R：右、L：左、T：上、B：下、C：中央）

Alamy/Jordan Remar: 91; Kropp: 146; Mint Images Limited: 47T; Phil Degginger: 148T; Pix: 111; Science History Images: 26T, 44.

British Library（大英図書館）: 14.

Courtesy Francesca Calegari. From: F. Calegari et al. "Ultrafast electron dynamics in phenylalanine initiated by attosecond pulses" (*Science* ⟨346⟩, 2014). Reprinted with permission from AAAS.

CERN: 164, 167T, 169T, 171T, 171B, 172, 173T, 174.

Jack Challoner: 57, 59, 63 (nucleus ⟨原子核⟩), 70, 71, 73B, 74, 75, 76, 89, 92, 96, 97, 98, 100, 102, 103, 105T, 131, 151, 161

European Southern Observatory（ヨーロッパ南天天文台⟨ESO⟩）: 104.

Flickr/IPAS/Professor Andre Luiten, adelaide.edu.au, CC-BY-SA: 132; James St Jon, CC-BY: 159; Mdxdt, CC-BY-SA: 118C.

Julie Gagnon, http://www.umop.net/spctelem.htm © 2007, 2013, CC-BY-SA: 68.

Getty Images/Bettmann: 15L; Gallo Images: 60; Guillaume Souvant/AFP: 160; National Geographic: 88; Oxford Science Archive/Heritage Images: 19B; Science & Society Picture Library: 21, 26B, 30; Science Photo Library: 15R.

Courtesy Iain Godfrey, SuperSTEM Laboratory, University of Manchester（マンチェスター大学）: 121BR.
Viktor Hanacek, picjumbo.com: 12.
Based on an original illustration by Johan Jarnestad/The Royal Swedish Academy of Sciences（スウェーデン王立科学アカデミー）: 114.

Derek Leinweber, CSSM, University of Adelaide（アデレード大学）: 179.

Jianwei Miao, University of California（カリフォルニア大学）, Los Angeles: 112.

NASA（アメリカ航空宇宙局）: 39BL, 39 (background ⟨背景⟩), 45, 94, 105BL, 135T, 157.

National Archives and Records Administration（アメリカ国立公文書記録管理局）: 161 (background ⟨背景⟩).

NIST: National Institute of Standards and Technology（アメリカ国立標準技術研究所）: 124B, 125BL, 129, 135B, 141L, 141R.

Courtesy Quentin Ramasse/Dr. Demie Kepaptsoglou, Prof. Quentin Ramasse, SuperSTEM. Sample（サンプル提供）from Dr. Vlado Lazarov (University of York ⟨ヨーク大学⟩) and Sara Majetich (Carnegie Mellon University ⟨カーネギー・メロン大学⟩): 121BL; Dr. Demie Kepaptsoglou, Prof. Quentin Ramasse, SuperSTEM. Samples from Prof. Ursel Bangert, University of Limerick（リマリック大学）: 121TL; Prof. Quentin Ramasse, SuperSTEM. Sample（サンプル提供）: Dr. Sigurd Wenner & Prof. Randi Holmestad, NTNU Norway（ノルウェー科学技術大学）: 121TR.

Science Photo Library: 80, 82C, 82B, 83CL, 83B, 84C, 84BL, 84BR, 85C, 108R; Alfred Pasieka: 83CR; AMMRF/University of Sydney（シドニー大学）: 118B, 136T, 136B; Brookhaven National Laboratory（ブルックヘブン国立研究所）: 173B; C. Powell, P. Fowler & D. Perkins: 166; Centre Jean Perrin/IBM: 155T; CERN: 170; Charles D. Winters: 90; Don W. Fawcett: 116; Dr. A. Yazdani & Dr. D.J. Hornbaker: 124; Dr. Mitsuo Ohtsuki（大槻三男博士）: 120; Dr. Kenneth Wheeler: 106; EFDA-JET: 163T, 163B; Emilio Segrè Visual Archives/American Institute of Physics（米国物理学協会）: 32; Eye of Science: 125BR, 126R; Gary Cook/Visuals Unlimited: 66L; GIPhotoStock: 27T, 40; Goronwy Tudor Jones/University of Birmingham（バーミンガム大学）: 169BL, 169BR; IBM Research（IBM基礎研究所）: 86, 125T, 127B, 128, 130T, 130B; James King-Holmes: 158; Ken Lucas/Visuals Unlimited: 67BL; Kenneth Eward/Biografx: 2; Martin Land: 67BR; Martyn F. Chillmaid: 67T; NASA's Goddard Space Flight Center（NASAゴダード宇宙飛行センター）/ CI Lab: 77; Natural History Museum, London（ロンドン自然史博物館）: 66R; NYPL（ニューヨーク公共図書館）/Science Source: 115R; Omikron: 168; Pascal Goetgheluck: 67BC; Phil Degginger: 27B; Philippe Plailly: 123T, 123B; Prof. D. Skobeltzyn: 10; Royal Institution of Great Britain（英国王立研究所）: 10; Ted Kinsman: 49B; Victor Shahin, Prof. Dr. H. Oberleithner, University Hospital of Muenster（ミュンスター大学病院）: 127T; Voisin/Phanie: 155B.

Shutterstock/Africa Studio: 39BR; Agrofruti: 108L; Albert Russ: 115L; Alexander Softog: 138; Bjoern Wylezich: 142B; Crafter: 95TL; Dabarti CGI: 150; Gasich Tatiana: 64; Golubovy: 144T; Gopixa: 154; Gustavo Miguel Fernandes: 95BL; HikoPhotography: 95TR; Humdan: 78; Irin-K: 39C; Kai Beercrafter: 20; Kichigin: 95C; L. Nagy: 93; Mikhail Varentsov: 46; Natali art collections: 183; Noor Haswan Noor Azman: 95BR; Pavelis: 109; PNPImages: 101; Speedkingz: 152T; Ugis Riba: 144B.

Image courtesy of Aneta Stodolna. Reprinted with permission from: A. S. Stodolna et al. "Hydrogen Atoms under Magnification: Direct Observation of the Nodal Structure of Stark States" (*Physical Review Letters* ⟨110 (21)⟩, 213001, May 2013. Copyright 2013 by the American Physical Society).

Wellcome Collection: 18, 19T, 21 (inset ⟨はめ込み⟩), 25, 177T.

Wikimedia Commons/Bdushaw, CC-BY: 62B; Tatsuo Iwata（岩田達夫）, CC-BY-SA: 117.

著者 ジャック・チャロナー

サイエンスライター、科学コンサルタント。インペリアル・カレッジ・ロンドンで物理学を学び、ロンドン科学博物館に勤務したのち独立。科学やテクノロジーに関する本を40冊以上執筆している。著書に、英語版が王立協会賞生物学部門の2016年最終候補に残った『ビジュアルでわかる細胞の世界』(東京書籍)、『世界で一番楽しい元素図鑑』(エクスナレッジ)、執筆書に『科学の実験大図鑑』(新星出版社)、共著に『サイエンス大図鑑』(河出書房新社)などがある。

監修 川村康文(かわむら・やすふみ)

東京理科大学理学部第一部物理学科教授、一般社団法人 乳幼児STEM保育研究会理事。1959年生まれ、京都教育大学教育学部卒業、京都大学大学院エネルギー科学研究科修了。博士(エネルギー科学)。京都教育大学附属高校で物理教師を約20年間務めたのち、信州大学助教授、東京理科大学助教授・准教授を経て2008年4月より現職。文部科学大臣表彰科学技術賞(理解増進部門、2008年)など受賞多数。著書は『世界一わかりやすい物理学入門』(講談社)など多数。

訳者 二階堂行彦(にかいどう・ゆきひこ)

翻訳家。おもな訳書に、リチャード・ムラー『サイエンス入門1・2』『今この世界を生きているあなたのためのサイエンス1・2』『エネルギー問題入門』(いずれも楽工社)、キティー・ファーガソン『光の牢獄―ブラックホール―』(ニュートンプレス)、アビン・ナレッジ・ソリューションズ『最新ロボット工学概論』(ビー・エヌ・エヌ新社)などがある。

ATOM 世界で一番美しい原子事典

2022年3月24日 初版第1刷発行

著 者	ジャック・チャロナー	校正	曽根信寿、株式会社ヴェリタ
監修者	川村康文	日本版本文デザイン	笹沢記良(クニメディア株式会社)
訳 者	二階堂行彦	編集	田上理香子(SBクリエイティブ株式会社)
発行者	小川 淳		
発行所	SBクリエイティブ株式会社		

　　　　〒106-0032 東京都港区六本木2-4-5
　　　　03-5549-1201(営業部)

印刷・製本　株式会社シナノ パブリッシング プレス

本書をお読みになったご意見・ご感想を
下記URL、右記QRコードよりお寄せください。
https://isbn2.sbcr.jp/11989/

乱丁・落丁本が万が一ございましたら、小社営業部まで着払いにてご送付ください。送料小社負担にてお取り替えいたします。本書の内容の一部あるいは全部を無断で複写(コピー)することは、かたくお断りいたします。本書の内容に関するご質問などは、小社ビジュアル書籍編集部まで必ず書面にてご連絡いただきますようお願いいたします。

© 二階堂行彦 2022　Printed in Japan　ISBN 978-4-8156-1198-9